アインシュタインの創発思考

大井成謎 著

たま出版

　"**創発思考**"とは、複数の要素を統合することによって、新たな価値や性質などを生み出す思考法のことである。例えば、ニュートンは時間と空間を分離させたが、その分離された時間と空間を相対性理論によって統合し、四次元時空連続体と呼ばれる新たな視点を発見したのがアインシュタインです。

　そして本書には、その創発思考を現代社会におけるあらゆる状況に活用していくためのノウハウが納められているのです。

(本書には"統合思考"という表現も頻繁に出てきますが、創発思考と統合思考は、ほぼ同じ意味として使用されています。しかし、僅かな違いを明確にすると、統合思考の場合は統合することに視点がフォーカスされているのに対して、創発思考の場合は、統合によって生じる"新たな価値や性質"などに視点がフォーカスされています)

　創発のためには統合が必要になるのですが、統合にも様々な種類とレベルがあり、アインシュタインが目指した統合は宇宙法則の統合でした。

　この大宇宙には、『**四つの根源的フォース**』が存在するのだが、アインシュタインは、それらのフォース(force)を統一する理論の発見を夢見ていました。何故ならば、宇宙の本質はシンプルであることを信じていた彼にとって、統一理論の発見は、それを証明することにもなるからである。

When the solution is simple, God is answering.
(その解決策がシンプルならば、それが神からの答えです)

アルバート・アインシュタイン

アインシュタインは、『四つの根源的フォース』の統一に挑む前に、特殊相対性理論によって『時間』と『空間』を統一した。1905年のことである。時間と空間は統一され、四次元時空連続体と呼ばれるようになった。四次元時空連続体とは、三次元の空間に一次元の時間が統合されたものである。

それから10年後、アインシュタインは一般相対性理論によって四次元時空連続体と重力を統合させた（重力は四つの根源的フォースのなかの一つである）。つまり、一般相対性理論と特殊相対性理論の違いは、重力の影響が取り入れられているかいないかの差であり、特殊相対性理論は重力の影響が及ばない特殊な状況に対応する理論 ── そして、一般相対性理論は重力が影響を及ぼしている状況にも対応できるように理論を一般化(普遍化)させたものである。

彼は、重力理論とも呼ばれる一般相対性理論を完成させた後、『重力』と『電磁気力』を統合させる**『統一場理論』**の研究に挑んだ。統一場理論とは、重力によって生じる重力場と、電磁気力によって生じる電磁場の2つの"場"を統一することから統一場理論と呼ばれるのだが、要するに、四つの根源的フォースのうちの二つを最初に統合させようとしたのである。しかし、ここまで順調であったアインシュタインの探究も行き詰まることとなった。重力と電磁気力の統合は容易ではない。双方は、あまりにも違いすぎていたのである。彼は、生涯をかけて統一場理論の完成を目指したが、その夢を果たすことはできず、苦悩の末にこうつぶやいたそうである。

　　　　　　　　　　　　　　　『神は私を見捨てた… 』

まえがき

　現代のビジネス社会においても、様々な要素や機能を統合させることによって、顧客に対するサービスや、組織の効率などを向上させる方向性が模索されているが、そこには多くの困難が存在する。そして、要素や機能の**"統合"** と深く関係しているのが **"複雑系"** や **"単純化"** などの概念であり、『複雑系の発想が必要だ！』とか『いや、単純化が重要なんだ！』などの一面的な論争も生じている。そこで本書では、それらの議論を包括的に捉え、"統合化" と "単純化" の違いを明確にし、複雑系社会において重要なのは "単純化" ではなく "統合化" である理由も説明します。（創発型市場戦略などを紹介します）

　ところで、アインシュタインは統一場理論によって一般相対性理論と量子力学をも統合させようとしたのだが、20世紀最大の理論として双璧を成すこの二つの理論は水と油のような関係にあり、彼による統合は失敗に終わった。

　アインシュタインの前に立ちはだかった量子力学は、彼にとって悪夢のような存在であり、量子力学の不確定性原理が記述する **"予測不可能性"** に対しても、彼は強い嫌悪感を持っていた。そして、予測不可能性を否定した有名な言葉を残したのである。

God does not play dice with the universe.

（意訳：神は、サイコロを振って運命を決めたりはしない）

アルバート・アインシュタイン

この予測不可能性は、マーケティングにおいても重要な問題になっており、例えば、『どの商品が売れるか？』ということは、ハッキリ言って、ベテランの企画マンや営業マンにも分からないことがよくある。そして、分からないから多くの会社が倒産している。このような予測不可能性は、様々な分野において見られる現象であり、この予測の困難さは、時代の流れと共に高まっている。テロリストによる攻撃なども、いつ、何処で、どのように行われるかを予測するのは難しい。

　アインシュタインは、量子力学が記述する予測不可能性に対して反旗を振りかざしたのだが、はたして、我々の未来を確実に予測することは可能なのだろうか？ そのことについても、本書の中で考察していくことにしましょう。

　ところでこの本は、『ビジネス理論をはじめ、楽しみながら量子論や素粒子論などの現代科学理論も学ぼうではないか！』という崇高な理念のもとに書かれてある。更には、21世紀において重要な役わりを果たす『創発思考』が解説のベースとなっており、創発思考によるテロリズムに対する考察なども納められている。

　そしてこの素晴らしい本は、世界中の多くの人に読まれることになるであろう。いや、世界中だけではなく、火星や金星の本屋さんにもおかれ、宇宙人たちも読むことになるだろう…。

　上記のような文章を、"アファーマティブ・センテンス"というのだが、要するに、"物事は前向きに考えてポジティブに表

まえがき

現しよう"ということである。しかし現実の世の中は、そのような単純な考えだけでは上手くいかないことを皆が実感していると思う。そこで、"創発思考"（統合思考）が必要になるのだ。

実質的に新しい思考形態を身につけなければ、人類が生き延びることはないでしょう。

アルバート・アインシュタイン

次のページに進む

まえがき ●●●●●●●●●●●●●● 1

第1章 予測不可能性の科学 ●●●●●●●●●●●●●● 9

- 複雑系の予測不可能性
- 非決定論 vs. 決定論
- 量子って何?
- ゼノンの逆説
- 『量子ゼノン効果』と『観測問題』
- 『ゼノンの逆説』の謎解き
- 不連続な時間と空間
- 不確定性原理
- サイババと不確定性原理
- アインシュタインと予測不可能性

第2章 亜院朱田印－陰陽師 ●●●●●●●●●●●●●● 43
(あいんのしゅたいん) (おんみょうじ)

プロローグ
宇宙の神秘を解き明かす 亜院朱田印・陰陽師とは?

第一話 異界の門を開く
第1章で紹介した量子力学の予測不可能性には、意外な真実が隠されていた。陰陽師が、ブラックホールと平行宇宙の謎に迫る。

第二話 呪霊伝雅阿
呪霊伝雅阿が霊子猫を従えて、平安京を恐怖の闇へと引き入れる。そして、その闇の背後には量子コンピュータの存在があった・・・。

第三話 摩斗璃九巣
此の世に不確定性をもたらしているのは、量子力学の不確定性原理だけではなかった。陰陽師が不完全性定理を駆使して、バーチャル・リアリティーの謎に迫る。

第3章 創発の視点 ……………………………… 97

- 予測不可能性の創発
- 創発の階梯
- 複雑系進化ダイアグラム
- 量子的進化 (Quantum Evolution)
- フラクタル進化論
- 創発思考の階梯
- 究極の創発理論

第4章 聖なる謎 (亜院朱田印－陰陽師) ……………… 121

プロローグ
　　第3章の最後に紹介された究極の創発理論には、どのような謎が隠されているのか？

聖なる謎（前編）
　　宇宙はいかにして創発されたのか？
　　究極の創発理論を解き明かす過程において、宇宙創成の謎が明らかになる。

聖なる謎（後編）
　　究極の創発理論に隠された **聖なる謎**の正体が、陰陽師によって明かされる。

第5章 マネーゲームの科学 …………181

- 経営学・経済学の限界
- マーケティングと観測問題
- 創発思考とゲーム理論
- 感情マーケティング
- 創発されるマネー
- 輪廻する創発
- 便乗商法の科学
- 創発型商品戦略
- アインシュタインの市場戦略
- 創発型生産システム
- 機能統合型組織
- 改革と抵抗
- ワールドワーク
- コンステレーションを読む

第6章 複雑系進化ピラミッドの謎 …………269
(物語)

- プロローグ
- 謎のピラミッド空間
  - ◆ 利口になるほど馬鹿になる?
  - ◆ 3つの思考法
  - ◆ 宇宙人の登場
  - ◆ バーチャル・チーズ空間
  - etc.
- 相対性自在志向
  - ◆ 自由意志と相対的尺度
  - ◆ アインシュタインのチーズ

あとがき …………290

第1章 予測不可能性の科学

複雑系の予測不可能性

『まえがき』でも説明したように、創発思考の達人であったアインシュタインでさえも、**"予測不可能性"**には最も悩まされていました。そこで先ずは、その最難関の謎解きに挑んでみることにしましょう。しかし、この"予測不可能性"は、どのようにして生じるのだろうか？

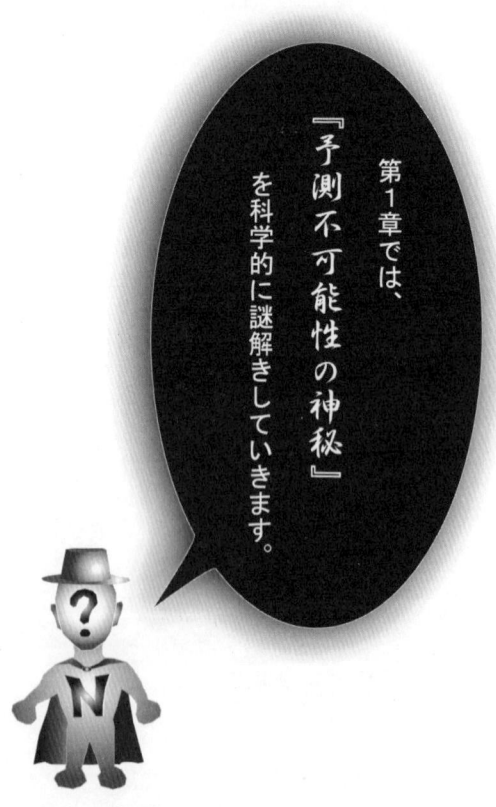

第1章では、『予測不可能性の神秘』を科学的に謎解きしていきます。

第1章 予測不可能性の科学

　第5章では創発的ビジネス理論が展開されることになるが、そのビジネス理論にも深く関係してくるのが予測不可能性である。そして、例えば市場における予測不可能性が高まると、企業の倒産も増える傾向にあるようだが、「なぜ市場における動向は予測不可能なのか？」というと、それは、市場が複雑系であるからだ。しかし、これではなんの答にもなっていない。そこで、複雑系の予測不可能性を把握するために、先ずは「複雑系とは何か？」ということを考察してみることにしましょう。

　だが、巷に氾濫している複雑系本を読んでみると、「一般に認められた複雑系の定義は存在しない」と書かれてあることがよくある。しかし心配する必要はない。実際には、多少の意見の相違はあるにせよ、どの本にも大筋では、ほぼ同じような定義が書かれてあるのだ。それでは取り敢えず、広辞苑の第五版に書かれてある定義を紹介することにします。

『多数の異質な要素が複雑に絡み合い、相互作用しながら一つにまとまっているようなシステム。それぞれの要素からは予測できない特性が出現したり、微細な変化が系全体の激動をひき起こしたりする』(広辞苑)

　ここでのキーワードは『相互作用』です。この相互作用という概念は、第3章から紹介していく創発思考と深く関係してくるのですが、つまり、複雑系とは単なる複数の要素の寄せ集めではなく、それぞれの要素の間に相互作用がもたらされることによって、プラス・アルファな機能や性質が生じている集合体のことなのです。したがって、全体を要素に分解して考察する要素還元的手法(相互作用無視の手法)によって複雑系を把握することは出来ないと考えられています。

複雑系における現象を予測するには、系の中の要素について考察するだけでは不十分であり、"**要素間の相互作用**"についても把握する必要があるということが分かりましたが、ここで、さらに複雑系の性質について考察を深めることにしましょう。広辞苑に書かれてある複雑系の定義には、

『それぞれの要素からは予測できない特性が出現したり、
　微細な変化が系全体の激動をひき起こしたりする』

と書かれてある部分がありましたが、これは『**カオス** (Chaos)』のことを意味しており、このカオスによって、複雑系の予測不可能性が生じるのです。

カオス:『初期条件によって以後の運動が一意に定まる系においても、初期条件のわずかな差が長時間後に大きな違いを生じ、実際上結果が予測できない現象』(広辞苑 第五版)

つまりカオスとは、初期条件がまったく同じであれば常に同じ結果が出る場合でも、その初期条件をわずかに変えただけで、まったく違う結果が生じてしまうという現象なのです。そして、広辞苑はカオスの例として「流体の運動や生態系の変動」を挙げていますが、天気予報が当てにならない理由も、流体の運動がカオスだからです。更には、市場でのマネーの動きも流体の運動に類似していると言われています。

それでは、カオスの発見で有名な例として、気象学者ローレンツによるものを紹介しますが、それは、彼が気象の状態を決める三つの変数（温度、気圧、風）を用いてコンピュータによる気象予測を行っていたときに生じました。彼は、初期値に六桁

の数値を用いて計算を行い、その後、その数値を四捨五入して三桁の数値に変換させて、再度、計算を行ったときに、その結果を見て驚きました。計算結果が前回と大きく違っていたのです。計算の初期では1000分の1以下の誤差が、計算を進めていくうちに大きく増幅されてしまい、まったく違う結果が導き出されてしまったのです。そして、たった三つの変数だけを用いての計算でこのような大きな違いが生じてしまったということは、実際の大気状態のように複雑な力学系の場合、更に大きな違いが生じると考えられます。そしてこのことにより、ちょっとした初期値の違いが大きな結果の違いをもたらす現象の存在が確認されたのですが、これは、人生そのものを象徴しているようにも思えます。例えば、入学試験におけるたった1点の違いによって志望校への合否の分かれ目が生じ、その後の人生が…。

入学試験といえば、山形大学で生じた採点ミス問題があります。コンピュータ・プログラムによる採点ミスで誤って不合格とされた受験生は、97年度から5年間で合計428人にも上るのですが、その一つの出来事によって人生が大きく変わったという人が多くいるのです。

例えば、山形大学の工学部受験に不合格とされたある女性に採点ミスの通知があったのは受験から三年後のことですが、彼女は既に大学進学を断念し、パチンコ店でアルバイト生活をしていた。彼女は、採点ミスをわびる大学側に対して入学辞退の意思を伝えた。三年間のブランクによって、大学の勉強についていく自信を失ったというのが一つの理由である。

父のいない彼女の家計は苦しく、受験浪人をするだけのお金のゆとりはなかった。そして、受験は地元の山形大工学部に狙いを絞っていたので、不合格通知を受け取った彼女の行く大学は他にはなかった。その後、再受験のためにアルバイトをしながら学費を貯めることも考えたが、大病を患った母が住む実家に生活費を送ると、ほとんど手元には残らなかった。それから三年後、採点ミスの知らせを聞いた彼女は、悔しさをにじませていたという。

　これは、最初の僅かな違いが大きな違いへと発展するカオスの例であるが、実はこの事件には、問題回避のチャンスがあったのです。5年前の入試のときに、採点ミスの可能性を大学側に指摘した塾の教師がいたのだ。生徒たちの自己採点をチェックした塾の教師は、合否の逆転現象に気が付いた。つまり、自己採点では合格している筈の生徒の数人が、不合格通知を受け取っていたのである。そしてその教師は、大学側にその件を伝えたのだが相手にはされなかった。つまりここにも、たった一つの判断によって結果が大きく変わる分岐点があったのです。

　これと同じような現象は、ビジネスの世界においても頻繁に生じている。しかし、そのことについてはあとで考察する事にして、次に、カオス現象の最も有名な例である『バタフライ効果』を簡単に紹介しておくことにしましょう。

　バタフライ効果とは、一匹の蝶の羽ばたきがカオスを生じさせる現象のことであるが、例えば、北京にいる一匹の蝶の羽ばたきが、フロリダにハリケーンを発生させることも理論的にありえるというのだ。さらに、その蝶の羽ばたく位置がたった1

第1章　予測不可能性の科学

ミリずれただけでも、違う地域でハリケーンが起きるかもしれないというのだから驚きである。そして、何故そのようなことが起きるのかというと、先ほども紹介したように、大気の流れは複雑系であり、僅かな影響がカオスを生じさせ、結果的には大きな違いを引き起こす可能性があるからです。

そして、現代のように情報システムが発達している世の中においては、個人から発信されたインターネット上のちょっとした情報が大きな社会現象を巻き起こすという現象が実際に起きています。つまり、インターネット社会も複雑系であるということなのだ。

ところで、最初に紹介した気象学者ローレンツによる発見で注目すべき点は、たった三つの要素（温度、気圧、風）だけを用いた計算でもカオスが発生したということであり、このことが意味するのは、

 現象が複雑に見えても、必ずしも多くの要素が関連しているとは限らない

ということです。つまり、この性質についての重要性に関しては後で説明しますが、単純な要素の相互作用によってもカオスが生じ、予測不可能な現象が生じるのです。

さて、複雑系に生じる現象が予測不可能な原因としてカオスを紹介しましたが、貴方は、ここで何かを疑問に思わなかっただろうか？

カオスの定義には『初期条件によって以後の運動が一意に定まる系においても…』と書かれてあるが、これは、初期条件さえ分かれば、後の状態は予測可能であることを意味している。例えば、「バタフライ効果」の場合、蝶の羽ばたく位置が１ミリずれただけでも大きな違いが生じるという性質があるのだが、その１ミリの違いを含む全ての初期値データを計算に入れれば、その後の運動は一意的に定まるので、未来を予測することは可能になる。つまり、**"カオス"** は **"ランダム"** と違い、まったく予測不可能なわけではないのです。カオスは予測を困難にしているだけであり、その現象は決定論的なものなのです。そして、このような特性を強調する意味で"決定論的カオス"という表現も用いられています。したがって、カオスは複雑系を把握する上で重要な要素にはなるのですが、それだけでは複雑系における非決定性を説明しきれないのです。

　しかし、カオスが完全な非決定性をもたらしている原因ではないというのであれば、いったい何が非決定性の原因となっているのだろうか？　それでは、山形大学の採点ミス問題を例に考えてみましょう。先ず、大学側の採点ミスによって『合否』という初期値に相違が生じ、カオス的現象が起きました。つまり、カオスを生じさせたのは"合否の違い"なのですが、ここで重要なのは、『その合否の違い(初期値の違い)を予測不可能にしている原因は何か？』ということであり、『カオスを生じさせた更に深い原因は何か？』ということです。

　入試の合否を判定するコンピュータ・プログラムを作成しているのは人間であり、人間の行動が最初の違いを生じさせてい

るのは明らかですが、その行動には『**自由意志**』が関係しているということが重要なポイントです。つまり、その自由意志が、初期値の予測不可能性を生じさせているのです。

この自由意志は、様々な状況において機能していますが、例えば、塾の教師が山形大学側に採点ミスの可能性を示唆したときに、大学側がその指摘を受け入れて調査をするかしないかも自由意志の判断にゆだねられていました。つまり、自由意志が関与していない系におけるカオス的現象の場合は、全てのデータを集めることによって未来予測が可能になるのだが、自由意志が関与することによって予測不可能性が生じるのです。

したがって、複雑系に生じる現象が予測不可能であるという条件を満たすために、次の項目を、複雑系の定義に加えている学者も多くいます。

> 複雑系に含まれる要素の中には、
> 知性を持ったエージェントが存在しており、
> 自由意志が機能している。

この場合のエージェントとは、構成要素のなかで主体性を持つ存在であり、生態系や社会における生物や人間のことを言います。そして、エージェントが自由意志を持っていれば、複雑系における現象は自由意志による行動によって左右されるようになるので、未来予測は不可能になります。

非決定論 vs. 決定論

　さて、複雑系における予測不可能性についてカオスや自由意志の働きを取り入れて考察を行いましたが、ここで辞書による『**非決定論** (Indeterminism)』の定義を紹介しましょう。

① 人間の意志は、いかなる他の原因によっても決定されず、自分自身で決定するという説。(広辞苑)
② 神の摂理や自然の必然的決定を認めず、偶然による変化を認める説。(広辞苑)

　しかし、人間の運命は本当に決定されていないのでしょうか？　例えば、アインシュタインは非決定論者ではなく決定論者であったことは有名ですが、もしかすると、アインシュタインが言うように、神がサイコロを振って運命を決めるようなことはしないのかもしれません。そして、もし、人間の思考パターンが様々な変数によって決定されており、実際には自由意志は存在しないとするならば、全てのデータをスーパー・コンピュータに入力することによって、完璧な未来予測をすることが将来的には可能になるかもしれない…。それでは、そのような完璧な未来予測をするラプラスの悪魔に登場してもらいましょう。

◆ ラプラスの悪魔

　1800年頃は、ニュートンの影響により力学的哲学が流行していましたが、その究極的なものを"**決定論**"と言います。決定論とは、『人間の思考を含め、全ての現象は原初の原因から発生したものであるため、未来は原初の原因によって確定されている』という考えですが、この考え方が正しいと仮定した場合、

第1章 予測不可能性の科学

宇宙の全てのデータを集めて分析すれば、未来を正確に予測できるということになるのです。そして、このような決定論的未来予測を可能とする存在を『**ラプラスの悪魔**』と呼ぶのです。

> 宇宙の現在の状態は過去の状態の結果であり、
> 来るべき未来の原因でもある。そして、自然界を駆動している全ての力と、自然界を形成している全てのものの状態を把握できるような知性があったとしよう。
> この知性は、充分な分析力さえあれば、宇宙の物理現象を全て一つの方程式の中に含めることができる。
> そのような知性にとって不確実なものは何一つとしてなく、過去も現在も、そして未来も完全にお見通しである。
>
> ピエール・サイモン・ラプラス

このラプラスの考えが正しいとすると、我々の自由意志が働く可能性は否定され、偶然と思える出来事でも、宇宙が誕生したときからすでに決定されていたことになります。

> 十九世紀初期、ラプラスは重力理論により天体の動きや潮の満ち引きなどの原因を説明し、聴衆を魅了しました。
>
> そしてある日、ナポレオンは偉大なる数学者のラプラスに尋ねました。
>
> 『あなたの物理学書には、宇宙を創造した神についての記述がなされていないようですが…』
>
> それに対して、ラプラスは答えました。
>
> 『私には、そのような仮説は必要ありません』
>
> ラプラスにとってこの現象世界は、神の存在しない機械仕掛けの決定論的世界だったのです。

しかし……、量子力学の『**不確定性原理**』によって、ラプラスの悪魔は既に息の根を止められていたのでした。つまり、100パーセント確実な未来予測は不可能であることが、理論的に明らかになっているのです。

したがって、

"複雑系における未来予測は確率的"

なものになるのです。

そして、量子次元には特有の干渉作用が生じるのですが、その干渉作用を記述する量子力学によって、広範な脳の領域が互

第1章 予測不可能性の科学

いに干渉しあう現象を説明することも可能であると言われています。つまり、不確定性を記述する量子力学は、脳の思考機能や自由意志と深い関係があり、

『 <u>量子次元における不確定性が
自由意志を生み出している</u> 』

という説もあるのです。

それでは次に、予測不可能性の本質ともいえる **不確定性原理** について説明をしていきます。

量子って何？

それでは、予測不可能性の本質である不確定性原理を把握するために、量子力学についての考察を段階的に進めることにしますが、先ずは、『量子とは何か？』について説明します。

量子力学の「量子」とはなんだろう？

Nazo「**量子とは、物理量の最小単位**です」

モアイ「物理量ってなんですか？」

Nazo 「物理量とは、大きさの単位が規定された量のことであり、長さ、時間、質量、エネルギーなどがあります」

モアイ「なるほど」

Nazo 「物理量には最小の単位があるので、物理量の総和は、その最小単位の整数倍の値を持つことになります」

モアイ「……」

Nazo 「例えば、モアイさんが5円玉を数枚持っていたとします。しかし、5円玉しか持っていなかったとした場合、5円がお金の最小単位になります。そして、モアイさんは5円の整数倍の金額しか支払うことは出来ないのです。つまり、おつりという概念を考慮に入れなかった場

第 1 章　予測不可能性の科学

　　　合、モアイさんは、12 円とか 19 円などの金額を払え
　　　ないということです」

モアイ「なるほど」

Nazo「あらゆる素粒子は量子としての特性を持っています。
　　　ですから、素粒子はアナログではなくデジタルの特性を
　　　持っているということです」

モアイ「……？」

Nazo「素粒子の持つ物理量は直線的に滑らかに増減するので
　　　はなく、量子の整数倍の値をとるということです。例え
　　　ば、エネルギーの最小単位（量子）が 3 と仮定した場合、
　　　エネルギー量の総和は、3 の整数倍である『3、6、9、
　　　12 …』といった飛び飛びの値をとり、その中間の値を
　　　とることはありません。そして、このように中間の値を
　　　とらずに一気に変化することを **量子飛躍** と言います」

　量子飛躍で代表的な現象には、原子核の周りの軌道を散歩し
ている電子が、ある軌道から別の軌道に瞬間移動するというも
のがありますが、次に紹介するのは、量子飛躍のとても面白い
例である **『量子ゼノン効果』** です。…しかしその前に、量子ゼ
ノン効果の語源となった **『ゼノンの逆説』** を紹介しておくこと
にしましょう。

ゼノンの逆説

紀元前五世紀、古代ギリシャの有名な哲学者であったゼノンは、運動の不連続性に関する幾つかのパラドックスを世に広めたのですが、そのうちの代表的なものは、**『運動は存在しない』『アキレスは亀に追いつけない』『飛んでいる矢も止まっている』**の三つです。

[第一のパラドックス]

ゼノンは言います…**『運動は存在しない』**…と。例えば、ここに一人のランナーがいたとします。そして、彼がゴールに到達するには、その前に、出発地点とゴールとの間にある中間地点に必ず到達しなければなりません。しかし、この中間地点に到達する前に、出発地点とその中間地点との間にある中間地点に到達する必要があります。さらに、この新たな中間地点に到達する前には、必ず、出発地点とこの新たな中間地点との間にある中間地点に到達する必要があります。さらに、…。

つまり、出発地点とゴールとの間には、無限の中間地点が存在することになり、無限の中間地点を有限の時間内に走り抜けることはできないことになります。しかし、実際にはランナーはゴールに到着することができる。

[第二のパラドックス]

ギリシャ神話には、俊足の英雄アキレスが出てきますが、ゼノンは言います…**『アキレスは、亀に追いつけない』**…と。

これは、第一のパラドックスと似ていますが、アキレスが亀に追いつくには、まず、その亀がさっきまでいた地点に到達する必要があります。しかし、アキレスがその地点に到達したときには亀は次の地点に進んでいます。したがって、アキレスは、亀に追いつくために、その新たな地点に到達する必要があります。しかし、アキレスがその新たな地点に到着したときには、亀はさらに次の地点に進んでいます。つまり、アキレスは、いつまでたっても亀に追いつけないのです。しかし、現実にはそんなことはありえない。

[第三のパラドックス]

ゼノンは言います…『**矢は飛ぶことができない**』…と。

先ずは、空中を飛んでいる矢を思いうかべてみてください。その矢は、どの瞬間においても、空間のなかのある場所に存在します。そして、物体がある瞬間において複数の場所に同時に存在することは物理的に不可能であるため、矢はあらゆる瞬間において一つの特定の場所に静止していることになります。しかし、静止しているのと同時に動いてもいることは不可能であるため、結局、矢は飛ぶことができないことになります。だが、実際には矢は飛ぶことができる。

『量子ゼノン効果』と『観測問題』

　それでは量子ゼノン効果の話に戻りますが、量子ゼノン効果とは、何かがある状態から別の異なる状態へ移行しようとするときに、その変化を観測しようとすると、その変化がなかなか起きないというものです。つまり、量子飛躍の瞬間を観測しようとすると、観測対象の物理量が「亀を追い抜けないアキレス」や「静止した矢」のようになって、変化(量子飛躍)が起き難くなるのです。

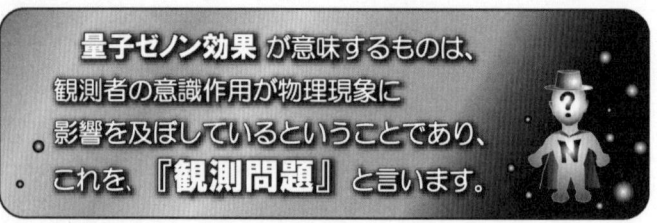

　古典物理学では、観測者、もしくは観測者の"意識"は観測される対象から完全に切り離されて考えられていましたが、量子論的視点から考えた場合、観測者と観測対象との間には分離不可能な相互作用があるのです。そして、この観測問題は第2章で紹介する『波動関数の崩壊』と呼ばれる現象のときにも生じるのですが、著名な物理学者であるウォルフガング・パウリは、このような『観測問題』について『物理学の最先端が、遅れてきた学問である深層心理学と同様の問題を抱えている』と語っています。

　つまり心理学の場合、意識を対象として研究する主体も意識なので、そこには、自分の肉眼で自分の肉眼を直接的に観察し

ようとするときに生じるのと同じような困難さが生じ、主体と客体を明確に分けて考察する"精密客観科学"として発達することが出来ないという問題があるのです。

例えば、心理療法の過程において治療者の意識状態が治療を受けているクライアントの意識状態に『転移（Transference）』したり、逆に、治療を受けているクライアントの意識状態が治療者に転移したりする場合があるのです。そして、クライアントの意識状態が治療者に転移すると治療者の精神状態が不安定になったり、客観的分析を妨げることになったりする場合があるので、フロイト派の心理療法家の場合、転移という現象を避けるために、心理分析の過程においてクライアントを寝椅子に横たわらせ、直接的に対面しないようにするなどの方法をとっています。逆にユング派では、クライアントと対面して座る方法をとっており、むしろ転移の現象に直面し、クライアントと意識状態を共有する態度で接します。そしてその過程においては、治療者とクライアントとの間に"意識場の共鳴"が生じ、治療者はクライアントの意識状態を分析しているのか、それとも自分の意識状態を分析しているのかの区別がつかなくなる状態に陥ることもあるのです。

そして、ビジネス理論に関しては第5章で紹介しますが、このような観測問題に類似する現象は、マーケティングにおいても生じており、正確な市場予測が困難になっているのです。

それでは次に、「ゼノンの逆説」の謎解きをしてみましょう。

『ゼノンの逆説』の謎解き

「ゼノンの逆説」の重要なポイントは、『距離を限りなく分割していくと無限のポイント（中間地点）ができてしまう』ということと、『あらゆる物質は、あらゆる瞬間において空間のある一点を占有しており、それは静止を意味するので、運動する物体は存在しない』ということです。

さて、このゼノンの主張に対してどのような解決策を考えることができるでしょうか？　まず、量子論的に考えると、時間や空間といった物理量も不連続になります。つまり、時間や空間にも最小の単位があり、それよりも細かく分割をすることはできなくなるのですが、そのような最小の時間と空間の単位を『プランク時間』と『プランク長』と言います。

このプランク時間やプランク長の存在は『不確定性原理』とも関連しているのですが、そのことに関する解説は後ですることにして、「ゼノンの逆説」の謎解きを続けましょう。

第1章　予測不可能性の科学

　このプランク長を考慮に入れた場合、距離をプランク長よりも細かく分割することはできないので、無限の中間地点は存在しないことになり、パラドックスの半分は解決します。

　次に、プランク長やプランク時間を分割することができないということは、物質の動きは直線的でスムーズなものではなく、量子飛躍の連続ということになります。これを映画フィルムに喩えた場合、フィルムの一コマ一コマには静止した画像が映っており、その静止した画像が一定の間隔で次の一コマに量子飛躍的に移ることによって、映像に動きが表現されるのです。ですから、ある一点においては静止していても、量子飛躍によって動きが生じるということです。

　これで全てのパラドックスが解決しました。

29

不連続な時間と空間

プランク長 は
『約 0.0000000000000000000000000000000016 cm』
なので、物体の移動する距離は、必ずこのプランク長の整数倍
ということになります。

そして**プランク時間** は、
『約 0.000000000000000000000000000000000000000000054 秒』
なので、空間は一秒間に
『約 18500000000000000000000000000000000000000000 回』
点滅していることになります。

しかし、ここらへんで『ほんとかよ？』という声が聞こえて
きそうです。ですが、これが量子飛躍の本質なのです。

そして、このプランク長とプランク時間は、三つの自然定数
から導くことができます。

$$\left(\frac{G\hbar}{c^5}\right)^{1/2} = \text{プランク時間}$$

(G = 重力定数、$\hbar$ = エイチ・バー、c = 光速度定数)

$$\left(\frac{G\hbar}{c^3}\right)^{1/2} = \text{プランク長}$$

第1章　予測不可能性の科学

　大宇宙には"自然定数"と呼ばれる定まった数値が存在しているのですが、例えば、光が真空を進む速度は常に一定であり、その速度を"光速度定数"と言います。それから、重力を導き出すには"重力定数(万有引力定数)"と呼ばれる定数が用いられます。そして、量子力学に用いられる定数で有名なものには**"プランク定数"**と呼ばれるものがあります。しかし、『これらの定数は、何故その固定された数値を持つのか？』ということは、自然界の謎として君臨しています。

　そして、**プランク定数を円周率の二倍の数値で割ったものをエイチ・バーと言うのですが、**

このエイチ・バーと、先ほど紹介した光速度定数と重力定数から、プランク長とプランク時間を導き出すことが出来るのです。
(左ページ下の式を参照)

※エイチ・バーは、プランク定数を表す記号であるh(エイチ)に横棒(バー)を加えることによって表記されるのでエイチ・バーと呼ばれます。

　そして、**光がプランク時間に進む距離はプランク長**であり、**光がプランク長だけ進むのに要する時間はプランク時間**だという不思議な関係があるのです。

31

不確定性原理

さて、それではいよいよ予測不可能性の本質でもある不確定性原理について解説をしていきます。

不確定性原理によると物体の位置を正確に確定しようとすると、その物体の運動量が不確定になり、逆に、物体の運動量を正確に確定しようとすると、こんどは物体の位置が不確定になります。したがって、未来の物理的現象を100パーセントの確率で予測することは不可能であるという結論が導き出されるのですが、これを式で表すと、

$$（位置の不確定量）×（運動の不確定量）≧ ℏ$$

となります。

つまり、『位置の不確定量』と『運動の不確定量』の積は、いくら精度を高めても、必ずエイチ・バー ($ℏ$) と同じか、それよりも大きくなるのです。

しかし、なぜ位置と運動量を同時に、しかも正確に測定することができないのだろうか？ それでは例として、全速力で走っているモアイ星人の位置と運動量を正確に測定する場合を考えてみましょう。

次のページの絵は、素粒子サイズのモアイ星人が全速力で走っているところですが、彼の位置を測定するためには、彼と測定器との間に、なんらかの相互作用が必要になります。例え

全速力で走るモアイ星人

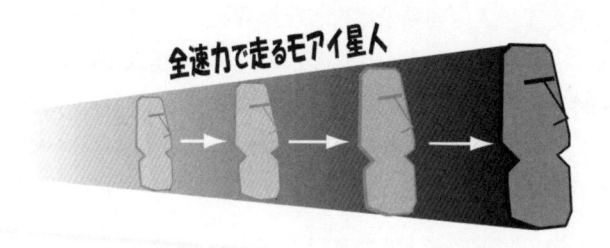

ばスポーツ競技などで使用するビデオ判定の場合、対象物とビデオカメラとの間には、光による相互作用があります（光がなければ映像をとらえることができない）。つまり、対象物の位置と運動量を測定するためには、その対象物に光などを当てる必要があるのです。しかし、光と言っても可視光線である必要はありません。レーダーなどのように目に見えない電磁波をモアイ星人めがけて放射する方法でもかまいません。しかし、モアイ星人が素粒子ぐらいの大きさしかない場合、モアイ星人めがけて放射した電磁波がモアイ星人を吹っ飛ばしてしまうので、モアイ星人の運動量に影響を与えてしまうことになります。

つまり、観測という行為自体が測定対象に影響を与えてしまうため、位置と運動量を同時に、しかも正確に測定することは不可能なのであり、観測者は観測対象に対して影響を与えざるをえないのです。

モアイ星人の位置をより正確に測定するためには、モアイ星人めがけて放射する電磁波の周波数を上げればよいのですが、

周波数が高ければ高いほどエネルギー量が増大するので、それだけモアイ星人の運動量に大きな影響を与えてしまうことになります。つまり、先ほどの不確定性原理の方程式が示すように、位置の精度を高めると、運動量は逆に不確定になってしまうのです。それでは、周波数を上げれば位置の精度を高めることができる理由は何だと思いますか？

それは、周波数が高くなるほど逆に波長は短くなるので、その短くなった波長の分、位置を一点に確定しやすくなるのです。ようするに、目盛りの細かい定規で測定した方が正確に計れるのと同じような原理であると考えてください。そしてここで重要なのは、モアイ星人の位置と運動量を同時に、しかも正確に測定できない理由は、たんに技術的な問題だけではなく、実は、

"位置と運動量は同時に存在しない"

ということなのです。

それでは、これを喩え話で説明してみることにしましょう。まず、ゼノン効果の謎解きのところでも説明したように、物体の運動は非連続的であり、フィルムのコマ送りのようになっているのですが、ある瞬間における物体の位置を一点に確定するには、フィルムの一コマだけを指し示す必要があります。しかし、その一コマの中に映し出されたモアイ星人は静止しているので、運動量は測定不可能です。つまり、位置を100パーセントの確率で確定してしまうと、運動量は完全に不確定になってしまうのです。逆に、運動量を測定しようとすると時間の幅が必要になるので、モアイ星人の位置を一点に確定することが

第1章　予測不可能性の科学

できなくなります。つまり運動量とは、ある位置から別の位置への移動によって生じるものなので、一つの位置だけの属性として存在するものではないのです。

モアイ星人の位置はフィルムのコマの中にあり、モアイ星人の運動量はフィルムのコマとコマの間にあるので、原理的に、位置と運動量は同時に存在していないのです。

量子飛躍するモアイ星人

サイババと不確定性原理

◆ 理性のゆらぎ

サイババ・ブームを日本で最初に巻き起こしたのは青山圭秀さんの『理性のゆらぎ』という題の本だが、このタイトルは、量子力学と深い関係があります。このゆらぎとは、量子次元の不確定性の幅（量子的ゆらぎ）を表しており、それを理性による判断のゆらぎ（迷い）と関連付けているのである。つまり、運命を選択する自由意志は、量子力学的ゆらぎによって生じているという仮説が、「理性のゆらぎ」というタイトルのもとになっているのです（たぶん）。

◆ トンネル効果

ところで、サイババの超能力の真偽はともかくとして、インドの聖者が超能力を使って壁を通り抜けたという話を聞いたことはありますか？　実は、不確定性原理がそのような不思議な現象を現実に可能とさせるのです。例えば、あなたが鉄の壁に何度も激突していれば、極めて低い確率で、その壁を幽霊のように通り抜けることが可能なのです。（危険なので試さないでください）

このような不思議な現象を『**トンネル効果**』と言いますが、このような現象は量子次元では頻繁に生じており、走査型トンネル顕微鏡などにその原理が利用されています。そして、トンネル効果が生じるタイミングは原理的に予測不可能であり、確率的にしか分からないのですが、あらゆる存在は量子で構成されているので、我々人間のようなマクロ次元の存在にもトンネ

ル効果が生じる可能性があるのです。

トンネル効果

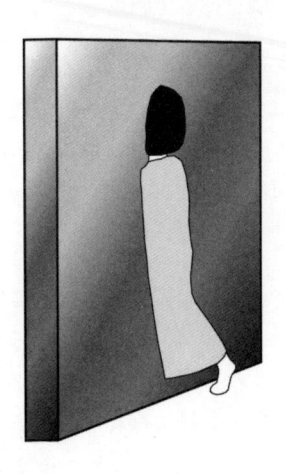

　量子次元においてはトンネル効果が頻繁に生じているのですが、この現象は、マクロ次元になるほど生じにくくなるので、人間がトンネル効果によって鉄の壁を潜り抜けることのできる確率は極めてゼロに近くなります。しかし、ゼロではありません。

アインシュタインと予測不可能性

　さて、不確定性原理と予測不可能性の関係については理解してもらえたと思いますが、アインシュタインは、この予測不可能性に対して強い不満を持っていました。

　アインシュタインは、決定論的な宇宙法則の存在を信じており、未来を予測できない曖昧な原理を好まなかったのです。そして彼は、『神はサイコロを振って運命を決めたりはしない』と主張し、予測不可能性の原理に対して反旗をひるがえしたのでした。

　アインシュタインは、量子力学が不完全な理論であることを証明するために量子力学を支持する学者たちと歴史に残る大論争を繰り広げたのですが、量子力学の予測不可能性に立ち向かう彼の姿は、現代社会における様々な予測不可能性に挑む人たちの姿と、ある意味で、重なって見えてきます。

　しかし、量子力学によると、未来は本当に非決定的なのでしょうか？

　実は、未来を決定論的に考える量子力学的解釈も新たに提案されており、その解釈であればアインシュタインも納得していたのではないかとも言われています。そしてその新しい解釈は、本書の第2章に登場することになります。

第 1 章　予測不可能性の科学

量子力学は多くのものをもたらしますが、

神の秘密にはまったく近づけてくれません。

いずれにせよ、

神はサイコロ遊びをしないと確信しています。

アルバート・アインシュタイン

ところで、アインシュタインのことを20世紀における最高の頭脳を持つ存在とみなす人が多くいるが、そのアインシュタインが21世紀に輪廻転生して実業家になったとしたら、どのような市場戦略を繰り広げるのだろうか？　などと想像してみるのも面白い。

　つまり、20世紀のアインシュタインは物理学の世界で予測不可能性に挑んだわけだが、21世紀のアインシュタインは、ビジネスの世界で予測不可能性に挑むのだ！

◆ アインシュタインの市場戦略

　1879年3月14日、アインシュタインはドイツに誕生し、1955年4月18日、アメリカのプリンストン病院で息を引き取ったのだが、死因は大動脈瘤破裂であった。

　アインシュタインは、死の間際にドイツ語で何かを語ったのだが、その場にいた看護婦はドイツ語を解さなかったため、その言葉は未だに謎に包まれている。(注：ここまでは事実です)

　はたして、アインシュタインは最後に何を言い残したのであろうか？　その時の状況を再現してみよう。

　アインシュタインは病院のベッドに横たわっており、側には看護婦が付き添っている。そして、彼は何かを語り始めた。

『私は今から50年後に、日本に転生する。
　　　　そして、新たな挑戦をしてみるよ … 』

つまりアインシュタインは、21世紀の日本に甦ることを予言したのだ … しかし何のために？

アインシュタインの死後、彼の体は遺言通りに火葬にされたが、脳と眼が摘出され、研究材料とされた。脳は幾つかにスライスされ、数名の研究者へ渡されたのだが、そのうちの一部がクローン・テクノロジーの実験材料として使用されることになった。

摘出されたアインシュタインの脳の研究に関しては、『大追跡!! アインシュタインの天才脳』(近畿大学教授 杉元賢治著 講談社) などに、実話として紹介されています。

しかし、クローン・テクノロジーに関する社会的批判の機運が高まっていたので、研究は秘密裏のうちに行われることになったのだ。

はたしてアインシュタインの魂は、自分の脳細胞から誕生するクローン人間に転生してくることになるのだろうか？

それとも…。

話は意外な展開を見せることになるのだが、この話の続きは、いつか、機会があればお見せすることになるでしょう。

人類史上最高の頭脳が、今、甦ろうとしている…。

第2章 では、
『予測不可能性の謎』
についての考察を、
　　　更に深めていくことにします。

第2章 亜院朱田印 — 陰陽師

プロローグ

　アインシュタインの相対性理論によると、我々は過去にタイム・トラベルすることが出来るらしい。そして、前章の最後でアインシュタインが死の間際に未来への転生を予言した話をしたが、なにを勘違いしたのか、彼は今から千年ほど過去の日本に、時間を遡って生まれ変わったのだ。

　時は平安時代、人々が闇に住む魔物の存在を信じていた時代である。鬼や物の怪(もののけ)が京の都の暗がりに、息をひそめて住んでいた。アインシュタインは、何故かそんな時代に転生したのである。

　彼は亜院家に生まれ、朱田印と名づけられる。朱田印の父は貴族であり、要職についていた。朱田印自身も、朝廷より従四位下の位を授かる。時は平安時代なので、彼が物理学者であるはずがない、陰陽師(おんみょうじ)である。

　陰陽師とは占い師のようなものであり、祈祷師のようなものでもある。方術を使い魔物の退治もする。そして天体の相を観、人の相も観る。天体の相を観るということは、天文物理学者のような仕事もするということであり、朱田印にとっては得意の分野であった。

　朱田印は月の満ち欠けを予言し、光が重力によって曲がることも解き明かした。時空の理論を掌握し、天空を自在に操ることも出来たのである。

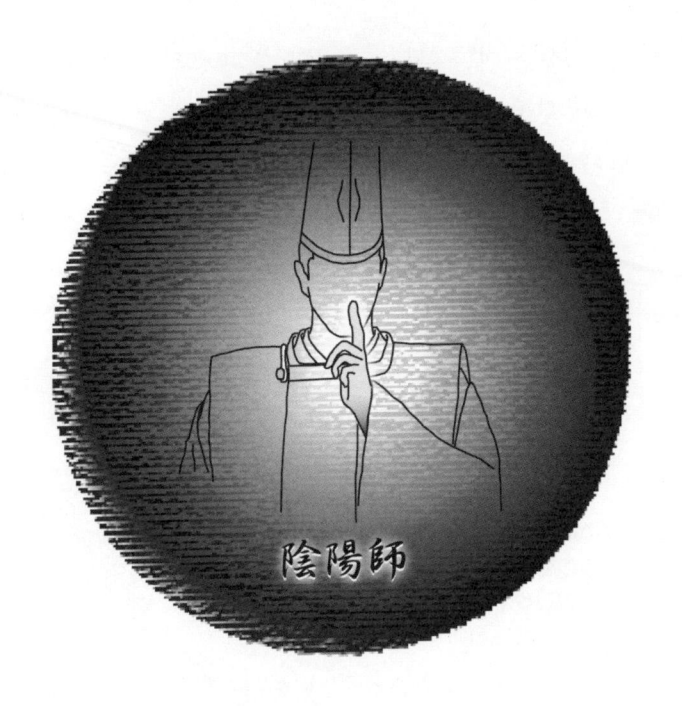

第2章　亜院朱田印 - 陰陽師　(プロローグ)

陰陽師

　平安時代に転生した朱田印は、のちに類まれなる才能(たぐい)を発揮することになるが、子供の頃はバカだった …。いや、バカという表現は適切ではないかもしれない。たんに、変わっていたということであろう。そして16歳になった朱田印は、陰陽道(おんみょうどう)の大家として世に知られる安倍力嶽(あべのりきがく)の弟子となった。

第一話 異界の門を開く

力嶽：『朱田印よ、おまえは平行宇宙というものを知っておるか』

　と、力嶽は弟子の朱田印に語りかけた。

朱田印：『平行宇宙…、魔界のことですか？』

力嶽：『いや … そうではない。魔界とは違った異界が存在するのだ』

　朱田印が平行宇宙のことを知らないのも無理は無い、彼は、アインシュタインであった頃の記憶を保持しているのだが、平行宇宙の考えがヒュー・エバレットによって提唱されたのは1957年のことであり、それは、アインシュタインが息を引き取ってから二年後のことであった。

力嶽：『お前は前世において、量子力学のコペンハーゲン解釈というものを嫌っていたが、平行宇宙とは、その解釈とは異なる多世界解釈というものから生じるのだ』

　しかし、なぜ力嶽はそのような事を知っているのだ？　それは、陰陽道を極めた彼には、未来の出来事を見通す力があったからである。ところで、量子力学のコペンハーゲン解釈を知らない読者のために、簡単な説明をしておくことにしよう。

　第1章においては、量子次元の曖昧さを不確定性原理の側面から捉えて説明したが、量子には、**"粒子と波の二重性"** と呼ばれる不思議な性質もあるのだ。そして、その不思議な性質を説明するのにコペンハーゲン解釈というものが考え出されたのである。しかし、アインシュタインはその解釈を嫌っていた。

ところで、粒子と波の不思議な二重性とは、いったいどういうものなのだろうか？

◆ ── 量子の不思議な二重性 ── ◆

例えば、光の波としての性質は電磁波であるが、粒子としての性質は光子である。そして、重力の波としての性質が重力波であり、粒子としての性質が重力子である。それから、電子は粒子であるが、電子の波としての性質は物質波と呼ばれる。そして、波であるのと同時に粒子であるということは、とても不思議なのだ。

波には干渉という作用があり、2つの波の山と山の部分が重なると、互いに強め合って山が大きくなる。逆に、山と谷の部分が重なると、波が相殺されて消えてしまう。そして、粒子には波としての性質があるので、粒子と粒子が重なったときに、相殺が生じて両方の粒子が消えて無くなるという驚くべき現象が生じるのだ。

しかし、粒子と粒子が干渉作用によって消え去るとは、いったいどういうことなのだろうか？　それではここで、不思議な干渉実験を紹介しますが、実験には、光子や電子などの素粒子が使用されます。先ず、次のページの図のように、「スリットa」と「スリットb」の2つのスリットが開いたボードに向けて複数の素粒子を放射しますが、そのボードの後方にはスクリーンが設置されており、素粒子の跡がつくようになっています。

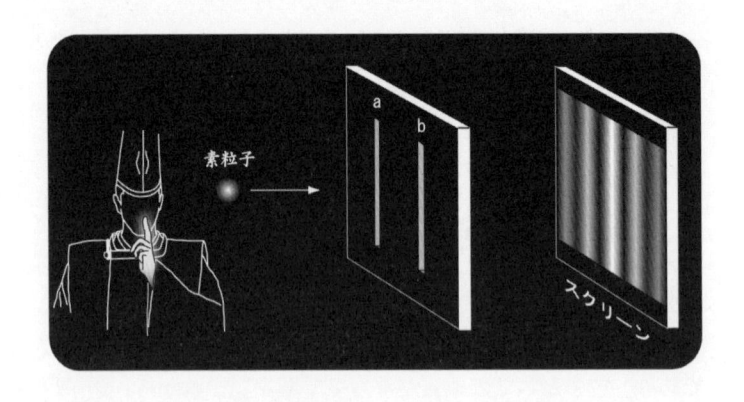

上図のように、スリットが両方開いている場合には、スクリーンには幾筋もの縞模様が現れます。しかし、不思議だと思いませんか？　ボードのスリットは2本しか開いてないのに、なぜ、スクリーンには複数の縦縞が現れるのだろう。

　それでは、片方のスリットをふさいだらどうなるだろうか？　試しに片方のスリットをふさいでみると、複数の縦縞が消えて一本の太い縦縞が現れる。つまり、スリットが一つの場合は、不思議な現象が起きないのである。

　では、複数の縦縞が現れる原因を探ってみることにしよう。右ページの図にあるように、2つのスリットが開いている場合、「スリットa」から進入した粒子の波と、「スリットb」から進入した粒子の波が干渉を起こしている。そして、山と山が重なった部分や谷と谷が重なった部分では波が強まり、スクリーンに粒子の跡が残ります。逆に、山と谷が重なった部分では波が相殺され、スクリーンに粒子の跡が残りません。したがって、複数の縦縞が現れることになるのだ。

第 2 章　亜院朱田印 - 陰陽師　(第一話)

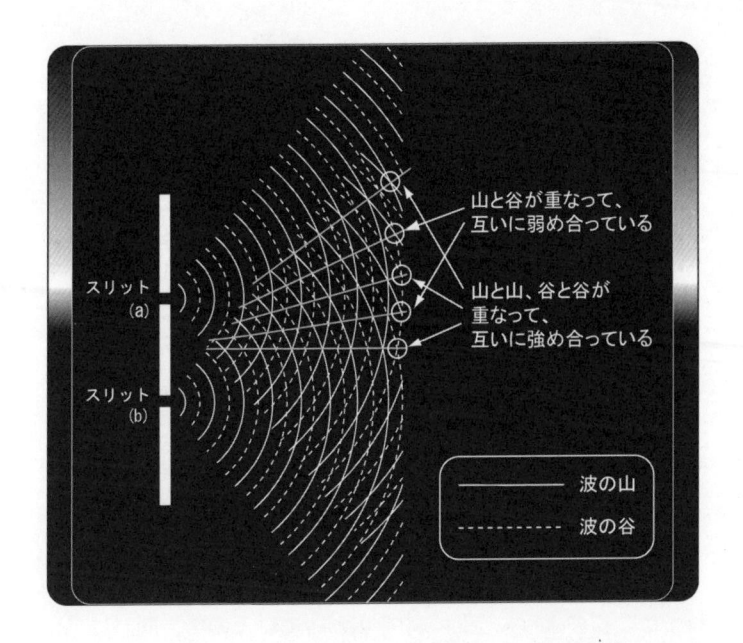

図中ラベル：
- 山と谷が重なって、互いに弱め合っている
- 山と山、谷と谷が重なって、互いに強め合っている
- スリット (a)
- スリット (b)
- ── 波の山
- ---- 波の谷

　さて、上記の干渉実験では、一度に複数の粒子を放射したが、粒子を一つずつ放射した場合はどうなるだろうか？　常識で考えると、その場合は干渉する相手の粒子が存在しないので、干渉作用は起きないはずです。しかし、実際に実験してみると、なんと、粒子を一つずつ放射した場合にも干渉作用による複数の縦縞が現れるのです。しかし、それではその場合、いったい何と何が干渉を起こしているのだろうか？

　驚くべきことに、一つの粒子が両方のスリットを同時に通り抜け、干渉しているというのだ。そして、この不思議な現象を説明するのにコペンハーゲン解釈が用いられたのですが、その解釈については、これから説明することにする。

◆ ── コペンハーゲン解釈 ── ◆

力嶽：『朱田印よ、お前は素粒子の干渉実験を知っておるだろ』

朱田印：『はい』

力嶽：『コペンハーゲン解釈によると、干渉実験に用いられる粒子の存在は"実在"としてではなく"確率の波"として広がっており、その確率の波が同時に２つのスリットをくぐり抜け、干渉している … もしくは、亡霊のような粒子が、もやのように広がりながら重なっており、その重なりによって干渉していると考える』

朱田印：『しかし、私にはそのような奇妙で曖昧な解釈を受け入れることは出来ません』

　コペンハーゲン解釈によると、スリットを通り抜けるときの粒子は亡霊のように空間の中を広がっているので、同時に二つのスリットを通り抜けることが可能になります。そして、スリットを通り抜けた亡霊は、スクリーンに触れた途端に粒子に戻るのです。つまり、スクリーンを通り抜けるときの粒子には実体が無いことになるのですが、アインシュタインは、そのような曖昧な解釈が気に入らなかった。彼は、宇宙法則の理解とは単なる数学的計算によるものではなく、現象をリアルにイメージすることによって初めて確かなものになると考えていたのですが、コペンハーゲン解釈によると、存在自体が曖昧(もやのような確率の波)なものになり、明確なイメージが不可能になる。

朱田印：『コペンハーゲン解釈の場合、粒子の存在位置を記述する波動関数が現実を記述しているとは思えません』

第２章　亜院朱田印‑陰陽師　（第一話）

力嶽：『そこでだ、コペンハーゲン解釈の代わりに多世界解釈を用いれば、その問題が解決するのだよ』

朱田印：『多世界解釈…？　それは、どのようなものですか』

と、朱田印は真剣な面持ちで力嶽に尋ねた。

◆ ─── **多世界解釈** ─── ◆

力嶽：『それでは、たった一つの粒子が干渉する場合を考えてみよう。この場合、多世界解釈だと、干渉実験に使用された一つの粒子は複数の平行宇宙に枝分かれしていき、その枝分かれして複数になった粒子同士が干渉作用を起こすことになる』

　つまり、多世界解釈の場合、一つの粒子が複数の平行宇宙に枝分かれすることになるので、それぞれの平行宇宙には一つの"実体"を持った粒子が存在することになります。そして、それらの粒子は、幾つかの平行宇宙では「スリットa」を通り、他の平行宇宙では「スリットb」を通り抜けることになるので、それぞれの並行宇宙に存在する粒子同士が干渉作用を起こすことになるのです。したがって、粒子の存在を明確にイメージすることも可能になります。

　コペンハーゲン解釈では量子次元における現象を**"確率の波"**（**可能性の分布**）として解釈するのに対して、多世界解釈では現実的な**"実在の分布"**として解釈します。したがって、多世界解釈を支持する学者たちのなかには、『コペンハーゲン解釈ではなく、多世界解釈であれば、アインシュタインも納得していたに違いない』と考える者も多くいるのです。

朱田印：『なるほど！　つまり、量子力学は確率的なものではなく、決定論的なものだったのですね』

力嶽：『確かにそうとも言えるな。多世界解釈の場合、量子次元の現象を記述する波動関数は、確率的なものを表しているのではなく、実在を表していると解釈する』

　コペンハーゲン解釈の場合、観測されていない状態の粒子の位置は空間の中を亡霊のように広がっていると解釈しますが、その粒子の広がり状態は、波動関数によって記述されます。しかし、その亡霊のように広がった状態の粒子を見ることはできません。何故ならば、粒子の位置を観測する瞬間に、その粒子の位置が一点に定まるからです。つまり、波動関数によって記述された粒子の存在位置の広がりが消えてしまうのですが、このような現象を『**波動関数の崩壊**』と言います。

　しかし、多世界解釈の場合は波動関数が崩壊しません。何故ならば多世界解釈の場合、波動関数は粒子の"実在の分布"を記述していると解釈するからです。例えば、一つの粒子がA地点、B地点、そしてC地点に広がって存在していたとします。この場合コペンハーゲン解釈だと、観測を行ったときにその三箇所の可能性の中の一箇所が実現し、他の可能性は消えてしまうのですが、多世界解釈の場合はA地点に粒子が存在する宇宙と、B地点に粒子が存在する宇宙と、C地点に粒子が存在する宇宙の全てが平行してあるので、波動関数の広がりが示す全ての位置に粒子が存在し続けることになるのです。しかし、観測者が観測を行った瞬間に、重なって存在する複数の平行宇宙の中から一つの宇宙を選択することになるので、他の宇宙に存在

する粒子を見ることはできません。

多世界解釈は、スティーブン・ホーキングやリチャード・ファインマン、そして、複雑系で有名なサンタフェ研究所の中心的発起人でノーベル物理学賞も受賞したマレー・ゲルマンなど、多くの著名な物理学者たちによって支持されています。更に、コパンハーゲン解釈では波動関数崩壊のプロセスを説明できないことを、20世紀最大の数学者といわれる ジョン・フォン・ノイマン が証明したのです。（第5章では、ジョン・フォン・ノイマンが発明したゲーム理論を紹介します）

◆ ── 観測問題 ── ◆

ところで、コペンハーゲン解釈と多世界解釈に共通して見られる重要なポイントは、

『観測者の意識が物理現象に関与している』

ということです。これは、第1章でも紹介した『**観測問題**』のことですが、コペンハーゲン解釈の場合、人間の意識が関与する観測という行為によって波動関数が崩壊し、多世界解釈の場合も、同じく観測によって自己が存在する宇宙が選択されます。つまり、人間の意識が観測という行為によって物理現象を選択、もしくは創造しているのであり、量子力学は『**意識の科学**』とも言えるのです。

しかし、量子次元において生じている"観測問題"のような不思議な現象が、マクロ次元では生じていないように見えるの

は何故だろうか？　実際問題として、量子力学が用いられているのはミクロ次元に限られているようにも思える。この問題は、「物質の質量」と「不確定性原理」との関係から説明することが可能だですが、ここでは、イメージしやすい統計学的視点から説明してみることにしましょう。

例えば、コインを投げたときに表が出る確率が50％だとします。そして、コインを1個だけ投げたときと、100個ぐらいを一度に投げた場合を比較してみましょう。コインを1個だけ投げた場合には、そのコインは、表だけを見せるか裏だけを見せるかのどちらかしかありません。つまり、投げる前の確率は50％でも、結果としては100％か0％かのどちらかしかないのです。つまり、波動関数の崩壊に似たような現象が起きるのです。しかし、100個のコインを一度に投げた場合は、ほぼ半数のコインが表を見せるでしょう。つまり、波動関数の崩壊に似たような現象は起きないのです。しかし、そのような現象がまったく起きないわけではありません。100個のコインが一度に全部 表を見せる確率も少ないですがあることはあるのです。

同じように、第1章で紹介したトンネル効果(p.36,p.37参照)も、確率は低くてもマクロ次元において生じる可能性があるということです。つまり、マクロ次元とミクロ次元がまったく違った物理法則によって機能しているのではなく、マクロ次元の場合、一度に多くの量子を観測することになるので、量子効果を確認しにくくなっているということです。

したがって、ミクロ次元の量子効果はマクロ次元には大きな影響を及ぼしていないようにも思われますが、実は、ミクロ次

元の量子効果がマクロ次元の現象にも大きな影響を及ぼしている可能性を示す「シュレーディンガーの猫」と呼ばれる思考実験が存在するのです。

◆ ── シュレーディンガーの猫 ── ◆

『シュレーディンガーの猫』とは、哲学者になることを考えたこともある経歴を持つエルヴィン・シュレーディンガー博士による有名な思考実験です。シュレーディンガー博士は、写真で見ると渋くてカッコよく見えますが、ある同僚の物理学者によると、リュックサックを背負った彼は風来坊のようであり、とても大学教授には見えなかったので、大きなホテルに泊まろうとしたときに断られた"経歴"もあるそうです。

ところでこの思考実験は、量子次元の不思議な性質をマクロ次元にまで拡張した状況を想定したものであり、『ミクロ次元にしか適応されないと思われていた量子力学をマクロ次元にまで適応することは可能か？』が重要なポイントなのです。実験には、放射性物質、粒子検知器、そして毒ガス入りの小瓶が中に設置された箱を使用しますが、箱の中の放射性物質が崩壊して$α$粒子が放出されると、粒子検知器が反応して毒ガスが放出される仕組みにします。（※この放射性物質の崩壊は量子次元の現象なので、波動関数によって記述する必要性が生じます）

次に、その箱の中に猫を入れて密閉しますが、例えばα粒子の放出される確率が50％だとすると、毒ガスが放出されて猫が死亡する確率も50％ということになります。そして、この密閉された箱の中にいる猫の状態を古典物理学的視点から解釈すると、『生きているか死んでいるかのどちらか』ということになります。つまり、猫が生きている状態、もしくは死んでいる状態は100％か0％のいずれかになります。

　しかしこの実験の場合、放射性物質の崩壊が量子次元の現象であるため、猫の生死についても波動関数によって確率的に記述する必要が生じます。つまり、『50％の生きている状態と50％の死んでいる状態が重なり合っている』ということになるのです。それでは、この重なり合いの状態を、コペンハーゲン解釈と多世界解釈の二つに分けて説明してみることにしましょう。

第 2 章　亜院朱田印 - 陰陽師　（第一話）

　まず、**コペンハーゲン解釈**の場合は、箱の中にいる猫の状態は決まっておらず、生きている状態と死んでいる状態が幽霊のように重なり合っています。そして、箱を開けて猫の状態を観察した瞬間に、波動関数が崩壊して猫の状態が生きているか死んでいるかのいずれかに確定されます。

　しかし、**多世界解釈**の場合は、生きている猫と死んでいる猫の両方が実際に存在していることになります。例えば、便宜上平行宇宙の数を二つとした場合、片方の宇宙では猫は生きており、もう片方の宇宙では猫は死んでいるのです。そして、その2つの宇宙は重なり合って存在しているのですが、箱を開けて中を観察したときに、どちらか片方の宇宙が選択されることになるのです。

◆ ───　**過去生回帰**　─── ◆

　朱田印は、前世での出来事を回想していた──アインシュタインは、量子力学の解釈問題に悩み苦しんでいる。はたして、量子力学のコペンハーゲン解釈が示すように、現実の世界は観測が行われていないときには"実在"として存在していないのだろうか？　悩み抜いた末、彼はインドの覚者タゴールに手紙を送った。

『我々が見ていない時には、空にかかる月も存在していないのでしょうか…？』

（NHK特集『アインシュタイン・ロマン、光と闇の迷宮』）

たしかに、コペンハーゲン解釈が正しいとすると、この世は靄（もや）のようなものであり、観測をしていないときには実体を持っていない。しかし、多世界解釈によってその問題が解決される。

朱田印：『つまり多世界解釈によると、我々が月を見ていないときにも、月は存在しているのですね』

力嶽：『この宇宙には超意識が存在する。そして、その超意識は、あらゆる瞬間においてあらゆる存在を観測（創造）しているのだ。したがって、あらゆる存在は、あらゆる瞬間において実体を持っている。しかし、超意識が観測を止めたとき──宇宙そのものが消え去ることになる。そして、これは多世界解釈と矛盾していない』

朱田印：『……。いずれにせよ、靄がかかったような曖昧な状態は存在しないということですね。納得しました』

　　　　『ところで、多世界解釈で言うところの異界（平行宇宙）へ行くことは可能なのですか？』

力嶽：『異界への入り口に関しては、お前も知ってるはずだ』

朱田印：『私が…？』

　力嶽は朱田印の目を見つめ、ゆっくりと頷いた。

朱田印：『もしや…ブラックホールのことでは…』

◆ ─── 異界への門 ─── ◆

　アインシュタインが一般相対性理論を発表してまもなく、ドイツの数学者カール・シュバルツシルトが『**ブラックホール**』の存在を一般相対性理論から導き出しました。ブラックホール

とは、巨大な質量を持つ星が自らの重力によってつぶれてできた天体のことですが、ブラックホールの中心には密度が無限大になる『**特異点**』というものが存在するらしい。そして1963年には、ニュージーランドの数学者ロイ・カーが、一般相対性理論から回転しているブラックホールの存在を導き出したのですが、これは、先ほど紹介したシュバルツシルトのブラックホールに回転を加えたものです。回転するブラックホールの中心には、遠心力の影響によって生じる『**特異線**(特異性)』と呼ばれるリング状になった特異点が存在するのですが、宇宙に存在するほとんどの天体(惑星、恒星、銀河など)は回転しているので、回転しているブラックホールの方が自然であると考えられています。

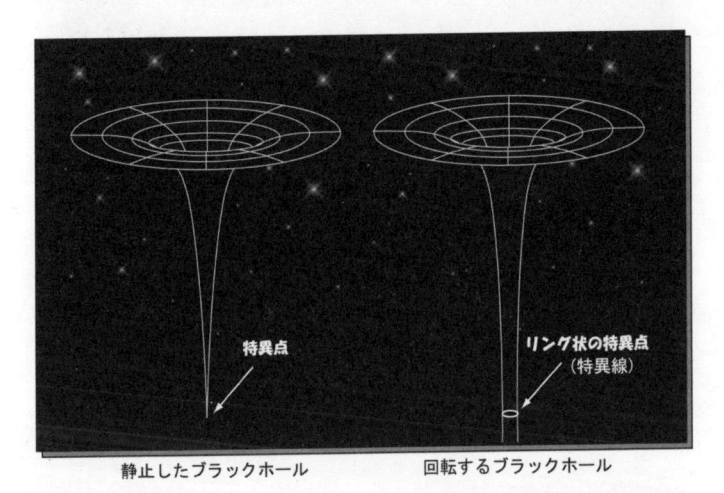

特異点

リング状の特異点
(特異線)

静止したブラックホール　　　回転するブラックホール

　ブラックホールは一方通行の穴なので、そこに落ち込むと光さえも脱出することはできないと言われています。そして、そ

のブラックホールとは逆の性質を持ったホワイトホールの存在が予測されているのですが、ホワイトホールからは物質が放出される一方で、その中に入っていくことはできません。

　ブラックホールとホワイトホールは、ワームホール(アインシュタイン・ローゼン橋)で繋がっており、ブラックホールから進入した物質はワームホールを経由してホワイトホールから放出されると考えられています。

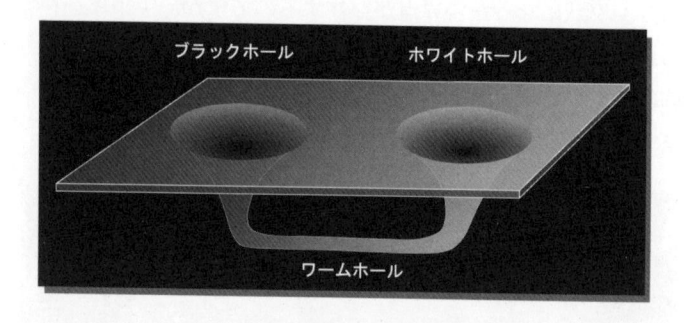

![ブラックホールとホワイトホールがワームホールで繋がっている図]

　しかしこの場合、ブラックホールは回転している必要があります。回転していないブラックホールの場合、中心に無限大の密度を持つ特異点があるので、反対側に抜け出ることは不可能ですが、回転しているブラックホールの場合、特異点がリング状になっているので、その中をくぐり抜ければ、特異点を避けて反対側に出ることが可能です。

　そして、このワームホールをくぐり抜けることによってタイムトラベルも可能であることが、相対性理論の世界的権威であるカリフォルニア工科大学のキップ・ソーンによって1988年

第2章 亜院朱田印‐陰陽師 (第一話)

に発表されたのですが、このワームホールは平行宇宙への入り口でもあるというのです。

つまり、平行宇宙の存在は量子力学の多世界解釈から導き出されたものであるのだが、なんと、アインシュタインの相対性理論からも、その存在が導き出されるというのだ。サンディエゴ州立大学のフレッド A. ウルフ教授は、そのことについて次のように述べています。

一般相対性理論が正しいと仮定すると、タイム・マシーンも平行宇宙も存在しなければならない。存在しないとすると、アインシュタインはまちがっていたことになる。そして、アインシュタインが正しかったとすると、タイム・マシーンも平行宇宙もブラックホールという崩壊した星の内部に存在することになる。

(『もう一つの宇宙』講談社ブルーバックス 「原題:Parallel Universes」)

ところで、タイムトラベルに関しての問題点としてよく指摘されるのが『因果律の破れ』です。例えば、過去に戻って過去の自分を殺害したとしたら、今現在の自分はいない筈です。そして、今現在の自分がいないのであれば、過去に戻って過去の自分を殺害することもできない筈です。つまり、因果関係に矛盾が生じてしまうのですが、かの有名なスティーブン・ホーキング博士も、その点に着目し、『歴史年表保存仮説』を主張してタイムトラベルの実現性を否定しました。しかしそのホーキングも、1996年になってからタイムトラベルの実現可能性を示唆するようになったのです。

しかし、どのようにして矛盾を解決したのだろうか？

この矛盾は、タイムトラベルに多世界解釈を用いることによって解決されたのです。多世界解釈によると、我々の存在する時空間は複数に枝分かれしていることになるので、例えば、過去に戻って既に起こった出来事を変えようとすると、そこに新たな平行宇宙が枝分かれして誕生することになります。つまり、既に起こった過去のタイムラインはそのままの状態になり、因果律の破れも生じないことになるのです。

　これを具体的な例で説明すると、例えばあなたのペットが車にひかれて死んだとします。そして、あなたは過去に戻ってそのペットの猫を救出することが出来るのですが、それは、枝分かれした別のタイムライン（平行宇宙）において猫を救うことになるので、もとのタイムラインでは、やはりその猫は命を失うことになるのです。

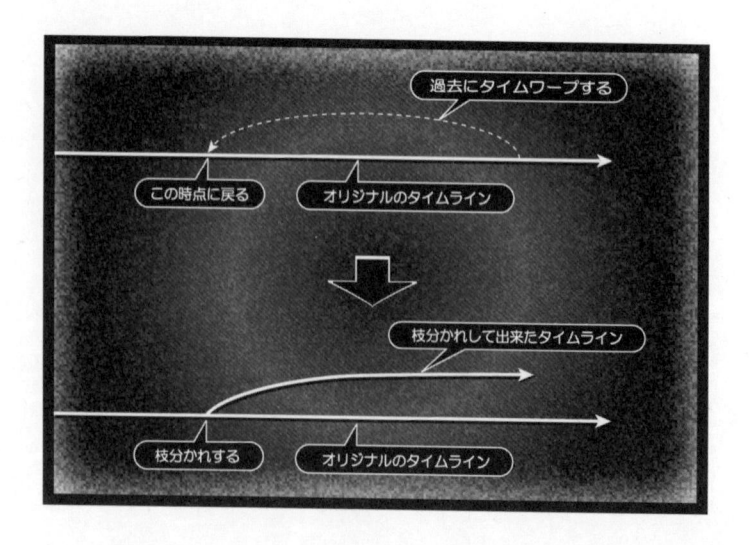

力嶽：『そのとおりだ朱田印。ブラックホールが異界への入り口だ。そして、それを利用して時空旅行も可能になる』

朱田印：『ということは、私が未来から過去に転生してきたときも、そのブラックホールが関係して…』

◆ ── **時空旅行と輪廻転生** ── ◆

　1955年4月18日、アインシュタインはプリンストン病院で息を引き取った。その直後、彼の魂は天空へと舞い上がり、小さなブラックホールの中へと吸い込まれていく。

　実はそのブラックホール … 安倍力嶽が九字の秘呪によってこしらえたものであった。つまり、力嶽がアインシュタインを平安時代に呼び寄せたのである。

　しかし、何のために力嶽はアインシュタインを平安時代に呼び寄せたのであろう？

　実は、力嶽がアインシュタインを呼び寄せる一年ほど前から、呪霊伝雅阿と呼ばれる魔物が、霊子猫を従えて平安京に出没し、貴族や町人、そして帝にまでも悪さをしていたのである。そして、力嶽がその魔物を退治しようと試みたのだが、彼の法力をもってしても太刀打ちできない。そこで、アインシュタインの理力が必要であったのだ。

　力嶽の秘呪によってプリンストン病院の上空に出現した小さなブラックホールは、ワームホールによって平安時代の日本と

繋がっていた。そして今、アインシュタインの魂はその中をくぐり抜けようとしている。

ブラックホールの外側と内側の境目は『事象の地平面』と呼ばれているが、その地平面を超えると光さえも脱出することは出来ない。アインシュタインは、その地平面の中へと吸い込まれていった…。

そして、彼はワームホール時空間を旅し、ホワイトホールから平安時代に抜け出た。それは一瞬の出来事であったが、確かにアインシュタインは平安時代に抜け出た。

しかし、何故かそこは子宮の中であった…。

第 2 章　亜院朱田印 - 陰陽師　（第一話）

Imagination is more important than knowledge.

想像力は、知識以上に重要だ。

アルバート・アインシュタイン

第一話　完

第二話 呪霊伝雅阿
しゅれいでんがあ

【一】

　帝をはじめとする皇族方が住む内裏の東には清涼殿がある。そして、その清涼殿には毎夜、怨霊が現れるというのだが、実は、この怨霊は量子力学と関係していることが次第に明らかになってくる…。

　朱田印の師である安倍力嶽は、その怨霊退治の役目を仰せつかったのだが、彼の法力をもってしても太刀打ちできない。そこで、師を超えた陰陽師として名をはせた朱田印に白羽の矢が立った。

兼家：『朱田印殿、そなたも既に知っておると思うが、内裏には毎夜、呪霊伝雅阿と呼ばれる怨霊が一匹の霊子猫を伴って現れ、悪さを働いておる。そこで、そちの力で何とかしてもらいたいのだ。帝もそなたを頼っておられる』

　藤原兼家は、帝からの命によって朱田印の屋敷に訪れ、悪霊退治を依頼しているところであった。兼家は従三位の位を持ち、朱田印よりも官位が上である。

朱田印：『上手くいくかどうかは、やってみなければ分かりませんが、とにかくやってみましょう』
兼家：『そうか、やってくれるか』
朱田印：『それでは、さっそく今日にでも…』
兼家：『おお、そうか。ことは早い方が良い』

第 2 章 亜院朱田印 - 陰陽師 (第二話)

　兼家は、満足げな面持ちで、朱田印の屋敷から去っていった。そして朱田印は、夜になると牛車に乗り、清涼殿へと向かった。西に半分傾いた満月が、夜空にかかっている。

【二】

　朱田印が訪れるのを、兼家と三人の家来が待っていた。兼家は朱田印の法力を期待してのことか、ワクワクした面持ちであった。しかし、家来たちは不安そうにしている。

兼家:『おお、朱田印。よく来たな──』

朱田印:『何か変わったことは…？』

兼家:『いや、まだ何も起きておらん』

　彼らが清涼殿の前でしばらく待っていると、どこからか、なにやら妖しい音が聞こえてきた。猫の鳴き声である。

兼家:『朱田印。清涼殿のうえに霊子猫が現れたぞ』

　満月の光に照らされた霊子猫(りょうしねこ)の口からは、青い炎がメラメラと吹き出ていた。そして、さっきまで余裕の表情を浮かべていた兼家の顔が引きつっている。

　兼家の家来たちが、霊子猫めがけていっせいに矢を放ったが一本も当たらない。猫をすり抜けていったのである。そして、兼家が朱田印をすがるような思いで見つめていると、

呪霊伝雅阿が霊子猫の隣に現れた。兼家は、もう生きた心地がしない。しかし朱田印は、何もせずに、ただ眺めている。

朱田印：『あれは怨霊ではない。ホログラフィック・イメージだ』

と、朱田印は小声で呟いた。

兼家：『ほろ…、ほろ…？　朱田印、何だそれは』

　朱田印は黙っている。平安時代の人間にホログラフィーの話を理解させるのは面倒だと思ったからだ。しかし、何でこんな時代にホログラフィック・イメージが現れるのだ？　朱田印は印を結び、呪霊伝雅阿と霊子猫を操っている存在を透視してみることにした。すると、眼鏡をかけた西洋人の姿が見えてきたのだが、平安時代の人間ではない…未来の人間である。そして更に透視をしてみると、相手の名前が見えてきた。

　　　　　　　ビ…ル…ゲ…イ…ツ。

【三】

　朱田印は、力獄から授かった呪(しゅ)で小さな回転するブラックホールをこしらえ、その中に飛び込んだ。そして、彼が飛び出てきた場所は2020年のアメリカであったが、どうやらそこは、超高層ビルの最上階のようだ。目の前にはビル・ゲイツが立っており、小型のコンピュータがテーブルの上に置いてあった。

　　　※注　ビル・ゲイツ氏に関する記述はフィクションであり、
　　　　　　未来における事実を予言するものでもありません。

第 2 章　亜院朱田印 - 陰陽師　（第二話）

ゲイツ：『ようこそ、2020 年へ』

　ビル・ゲイツが朱田印に英語で話し掛けながら微笑んだ。そして、テーブルの上を横目で見ながら話を続けた。

ゲイツ：『これは、SONY・NEC・IBM が共同開発した量子コンピュータで、我が社の感情プログラムがインストールされてある』
(※注　フィクションです)

朱田印：『量子コンピュータ、…そして感情プログラム…？』

◆ ── 量子コンピュータ ── ◆
(※注　この項はノンフィクションです)

『私はそこに、新種の知性がいることを感じた』

　これは、IBM のスーパー・コンピュータに破れ去ったチェスの世界チャンピオンの言葉ですが、量子コンピュータの能力は、この IBM のスーパー・コンピュータの能力を遥かに凌ぐ。量子コンピュータとは、量子次元の状態の重ね合わせを利用して計算を行うコンピュータであり、多世界解釈の視点から説明すると、『複数の平行宇宙を同時並行に使って計算処理を行うコンピュータ』のことです。つまり、同時に複数の世界を利用すれば、利用した世界の数が多ければ多いほど計算速度も増すということです。

　量子コンピュータの研究開発は、IBM、AT&T、NEC などの民間企業を始め、日本の郵政省など、公的機関でも進められていますが、量子コンピュータが実現すれば、通常のスーパー・コンピュータとは比較にならないほどの超スピードで計算処理

をすることが可能であると予測されています。例えば、通常のスーパー・コンピュータが1兆年をかけて処理するデータを、3分ほどで処理する能力があると言われています。

　量子コンピュータのメカニズムを、第一話で紹介した粒子の干渉実験を喩えにして説明すると、粒子のたどる複数の軌道が計算処理の流れであり、それの出合う干渉模様が計算結果に相当します。そして、感情を持ったロボットが登場するスティーブン・スピルバーグ監督の「AI」という映画がありますが、人間の脳の仕組みには量子コンピュータと類似する機能があると言われており、このことから、量子コンピュータが意識を獲得する日が近い将来に訪れる可能性があるとも言われています。

　例えば、第1章でも説明したように、量子的な干渉作用は広範な脳の領域が互いに干渉しあう状態を説明することを可能にすると言われており、量子次元における不確定性は、人間の自由意志と関連しているとも考えられています。そして、世界的に著名な物理学者であるロジャー・ペンローズ氏は、『人間に意識を生じさせるのは、量子効果を生じさせると思われているマイクロ・チューブルという生体内の微小管である』という説を主張しています。もっともペンローズ氏は、次世代の量子コンピュータが意識を獲得する可能性に関しては懐疑的であり、コンピュータに意識を与えるためには、今の量子力学を超えた深遠なる法則に基づいたメカニズムを発見する必要があると語っています。しかし、私の知る限りにおいては、その深遠なる法則が何かということに関して、ペンローズ氏は何も言及していないようです。

第2章 亜院朱田印 - 陰陽師 （第二話）

　ところで、『コンピュータは夢を見る』という話を聞いたことがあるでしょうか？　心理学的には、夢は情緒を安定させるためのものであると言われていますが、同じような現象が、コンピュータのニューラル・ネットワークにおいても観測されたのです。我々は、脳の疲れを癒すために睡眠をとり、夢を見ますが、ニューラル・ネットワークも、大量の情報をインプットすると負担が生じ、低下した機能を回復させるために夢を見るのです。そして、超ひも理論の研究で著名なミチオ・カク教授は、その状態を次のように記述しています。

> 　ポップフィールドにとって夢は量子力学系におけるエネルギー状態の変動である。ポップフィールドは、彼のニューラルネットワークが、心理学者がずっと昔に確認した夢の特性の多くを再現していることを発見した。心理学者たちは、私たちが疲労困憊したあとには、眠り、そして夢を見る必要があることに気づいた。ニューラルネットワークにあまりに多くの記憶を入れると、大きな負担がかけられた系は機能低下を起こし始める。すなわち、それぞれの記憶にアクセスするのに時間が次第に不均一になっていく。前に学んだ記憶をスムーズに思い出せなくなり始める。実際の記憶のどれにも相当しない、好ましくないさざ波が地形の表面に形成され始める。これらのさざ波は「擬似記憶」と呼ばれ、夢に相当する。（中略）眠ったり夢を見たりを何回かくり返したあと、系はさわやかに「起きた」。すなわち、機能低下が止まり、同じ速度ですべての記憶を思い出せるようになったのである。
> 　もしポップフィールドが正しいのであれば、高度に発達したニューラルネットワークは、その記憶を処理するために夢を見なければならない。
> 　　　　　　　　　　　　（『サイエンス21』ミチオ・カク著 114ページ 翔泳社）

　さらに、ミチオ・カク教授によると、ポップフィールド博士はニューラル・ネットワークに生じるある現象が、一つの物事に囚われて生じる"強迫観念"の現象と類似していることを突き止めたのです。

量子論の一般理論を用いてホップフィールドは、ニューラルネットワークの背後にある統一原理を発見した。脳内のすべてのニューロンはそのネットの「エネルギー」を最小にするような方法で発射している。「学習」はもっとも低いエネルギーを発見する過程なのである。…（中略）…ホップフィールドの新発見の背後にある重要なアイディアは、簡単に示すことができる。割れ目や谷や山がたくさんある地形を転がり落ちていくボールを考えてみよう。ボールは谷の一つへと落ちていくだろう。いいかえると、ボールはもっとも低い重力エネルギー状態（谷）を捜している。…（中略）…このモデルの副産物は、強迫観念についての解釈を与えてくれたことである。ニューラルネットワークを準備するにあたって注意深くやらないと、一つの谷が異常に大きくなって、近くの谷をすべて飲み込んでしまうことがある。するとボールは必然的にこの穴へと落ちてしまう。これは脅迫観念の場合に起こるのと同じことなのかもしれない。（『サイエンス21』ミチオ・カク著 111～113ページ 翔泳社）

　「コンピュータと知性」の研究に関しては、イギリスの数学者アラン・チューリングによって考案されたチューリング・テストが有名です。このテストは、コンピュータに意識、もしくは知性が備わっているかどうかをチェックするテストですが、テストの方法は、人間がコンピュータとキーボードを通して会話をし、相手が人間かコンピュータかを判断できない場合は、そのコンピュータは人間並みの知性を持っていると判断するのです。しかし、チューリング・テストに合格したコンピュータは、今のところ存在していないようです。ちなみに、チューリング博士が行ったテストによると、五歳の子供に匹敵する知能を持ったコンピュータも存在しなかったそうです。しかし、量子コンピュータが開発されれば…？

　古典的なサイエンス小説には、『スーパー・コンピュータが神になる』という筋書きのものが多いようですが、量子コンピュー

タが意識を獲得する日が訪れたとき、神とまではいかなくても、量子コンピュータの小説家が誕生し、芥川賞や直木賞を受賞するかもしれません。あなたは、量子コンピュータたちが創作した小説を読んでみたいと思いませんか？

　いずれにせよ、量子コンピュータが21世紀のビジネスシーンを大きく変えることは間違いないでしょう。そして、感情を持ったアイボやアシモなども出現するかもしれない…。

◆─────────────◆

　ビル・ゲイツは、朱田印に量子コンピュータの説明をし終えると、テーブルの横にあった重厚な椅子にゆっくりと腰掛けた。

朱田印：『それで、例のホログラフィック・イメージも、この量子コンピュータが創りだしていたというわけか…』

ゲイツ：『その通り──』

朱田印：『いったい、何の目的で…？』

ゲイツ：『あれは、この量子コンピュータが自由意志で勝手にやったこと。もっとも、コントロールすることは可能ですが…』

朱田印：『なるほど。その量子コンピュータとやらの自由意志機能を観察していたというわけか…』

ゲイツ：『まぁ、そういうことです。あれは、平安時代においては1年間くらい続いた現象のようですが、こちらでは、僅か1週間程度の出来事でした』

どうやらこの現象は、好奇心プログラム開発プロジェクトのスタッフの一人が、平安時代の妖怪物語を量子コンピュータに入力したことが原因らしい。この量子コンピュータは、ワープ機能によって過去と交信することが出来るので、平安時代に怨霊を登場させ、驚く者たちを見て喜んでいたというわけだ。

　そして、朱田印の師である安倍力嶽をはじめ、高野山や比叡山の僧侶たちが"怨霊"退治に挑んだが、ホログラフィック・イメージには法力は通じなかったようだ。

ゲイツ：『どうやら、だいぶ迷惑をおかけしたようですね。プログラムを変更して、直ぐに止めさせることにします』

朱田印：『それは助かる。しかし、ホログラフィック・イメージを単に消してしまったのでは面白くない』

ゲイツ：『… ？』

朱田印：『私は今から平安時代に戻ることにするが、少しプログラムに細工をしてもらいたい。私がホログラフィック・イメージに向けて九字を切るから、そのときに ……』

　朱田印の説明が終わると、ゲイツが笑みを浮かべながら返事をした。

ゲイツ：『OK 。それは面白い』

【四】

　清涼伝の頂上から、呪霊伝雅阿と霊子猫がおそろしい形相で兼家たちを睨んでいた。

兼家：『朱田印は何処へ消えたのだ！』

　兼家が、消えた朱田印の姿を探していると、闇の中に一点の光が現れ、朱田印が虚空から飛び出してきた。

兼家：『おおおっ。朱田印、何処へ行っておったのだ』

　朱田印は、兼家の問い掛けには返事をせず、呪霊伝雅阿に話し掛けた。

朱田印：『呪霊伝雅阿よ、皆を驚かすのはそれくらいにしておけ』

　呪霊伝雅阿は、不気味な形相に笑みを浮かべ、朱田印の問いに応えた。

伝雅阿：『それでは、帝(みかど)とそこにいる兼家の命を頂いてから、異界に戻ることにするか …』

───朱田印よ、何とかしてくれ
　という面持ちで、兼家が震えながら朱田印の方を見ている。そこで朱田印は、印を結んで呪(しゅ)を唱え、伝雅阿めがけて九字を切った。すると、呪霊伝雅阿と霊子猫の表情が凍りついた──と思った瞬間、もんどりを打って苦しみだした。そして、血の涙を流しながら、朱田印に許しをこうた。

伝雅阿：『朱田印どの、やめてくだされ』

朱田印：『それでは、おとなしく異界に戻るか？』

　と、涼しげな顔で朱田印が伝雅阿に問う。

伝雅阿：『わかった。帝にも兼家にも手は出さん』

　そこで朱田印が印を解くと、伝雅阿と霊子猫は姿を消した。

兼家：『おおっ。怨霊たちが消えていったぞ』

朱田印：『これでもう、現れることもないでしょう』

　そして今回の件で、朱田印の評判は益々上がることとなった。

　　　　　　　　　　　　　　　　第二話　完

第2章 亜院朱田印 - 陰陽師 (第二話)

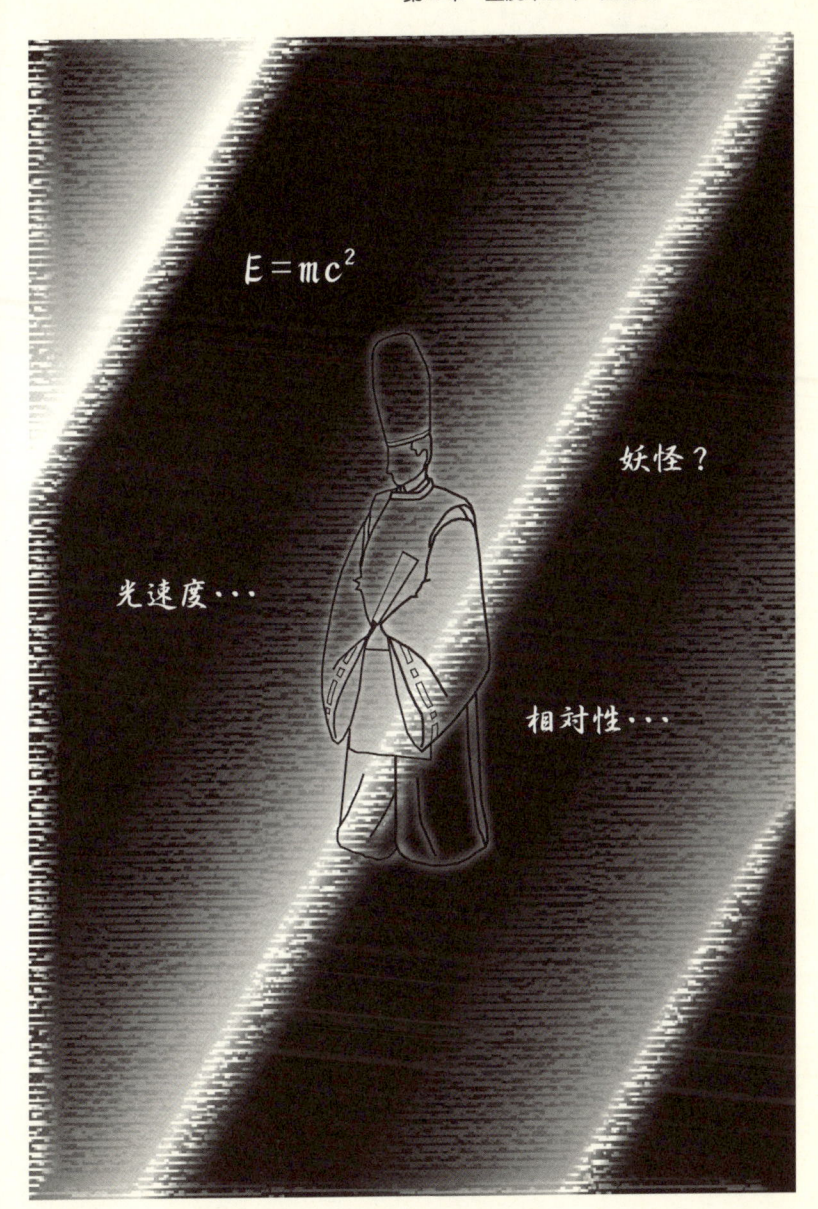

$E=mc^2$

妖怪?

光速度…

相対性…

第三話 魔斗璃九巣(マトリックス)

　上弦の月が、夜空にかかっている。ここは朱田印の屋敷であるが、藤原雅直(ふじわらのまさただ)という名の客人がみえていた。朱田印との間柄はよく分からぬが、かなり親しい仲らしい。

雅直:『なぁ、朱田印。何か、変わった話でもないか?』

朱田印:『そうだな、おぬしは魔斗璃九巣(まとりっくす)を知っておるか?』

雅直:『まとりっくす?　何だそれは』

朱田印:『これは未来の話だ』

雅直:『何だか面白そうだな。話してくれ ── 』

◆ ─── **マトリックス(映画)** ─── ◆

　21世紀の始め、高度に発達したコンピュータ・テクノロジーによって人工知能が意識を獲得し、社会における主導権を握るための反乱を起こした。戦いに勝利したコンピュータたちは、人間を液体の入ったカプセルの中で培養するようになるのだが、その中で育つ人間たちは、夢の世界を現実だと錯覚している。人間たちが見る夢は、コンピュータから脳に送られてくる電気的な刺激によって管理されているのだ。

　マトリックスと呼ばれるバーチャル世界(夢の中の世界)には巨大な仮想都市が建設されており、その中で人間たちは暮らしている。そして、誰もがそれを現実だと思い込んでいるのだ。

◆ ─────────────── ◆

第2章 亜院朱田印 - 陰陽師 （第三話）

朱田印が話し終わると、雅直(まさただ)がつぶやいた。

雅直：『何だか、恐ろしい話だな』

朱田印：『そう思うか ── 』

雅直：『ああ、お前はそうは思わんのか？』

朱田印：『なかなか面白い話ではないか』

雅直：『……』

　雅直は朱田印と違い生真面目な性格をしているので、深く考え込んでしまったようだ。そして、そんな雅直をからかうのが朱田印の趣味であった。

朱田印：『雅直は、現実世界と仮想世界の狭間にある境界線について考えたことがあるか？』

雅直：『ん？　なんだ、それは』

朱田印：『つまり、我々が見ているこの世界も、幻想の世界かもしれないということだ』

雅直：『何をおかしなこと言っとる。現実に決まってるではないか』

朱田印：『雅直。何故、現実だと分かるのだ』

雅直：『それはだな … 。ん～』

　雅直は、一生懸命考えている様子であった。

雅直：『とにかく、現実だから現実だよ』

朱田印：『それでは答えになっておらん』

雅直:『それでは、どうやって"現実"と"幻想"を区別したらよいと言うのだ?』

朱田印:『現実と幻想を区別するには、絶対と相対の区別を理解する必要があるぞ』

雅直:『絶対と相対の区別? なんだか、またややこしい話になってきたな。おれは、あまりややこしい話は好きではない』

朱田印:『ならば、知りたくはないのか?』

雅直:『いや、知りたい。話してくれ』

　朱田印は、現実世界と仮想世界の狭間にある境界線が、絶対と相対の間にある境界線と関係していると言っているが、はたして、どのような関係があるのだろうか?

朱田印:『それでは先ず、"絶対"という性質について説明をしよう』

雅直:『うむ』

朱田印:『"絶対"という表現は日常的に使われているが、厳密な意味での"絶対"を理解している者はそんなにいない』

雅直:『そうか、そういうものか――』

朱田印:『よいか雅直。"絶対"は定義上、他との比較を絶しており、相対次元を超えている必要がある』

雅直:『うむ』

朱田印:『つまり厳密に言うと、この相対次元に存在するものは、それが何であれ、絶対とは言えないのだ』

雅直：『なるほど、それでは相対次元を超えたところに絶対が存在するのだな』

朱田印：『いや、そうとも言えぬのだ』

雅直：『う～む。おぬしの言っとることは良く分からんぞ』

朱田印：『それでは、"絶対"というものを集合論と呼ばれる算術的手法によって説明してみることにするか…』

◆ ─── **集合論的考察** ─── ◆

　第5章ではマーケティングに関する考察を行いますが、ビジネス書を多く愛読している人であれば、マッキンゼー・アンド・カンパニーの名を耳にしたことがあると思います。マッキンゼー社は超一流の経営コンサルタント会社であり、集合論的思考法を上手く取り入れている会社です。

　マッキンゼー社は、独自の集合論的手法に『MECE（ミーシー）』と名づけましたが、「マッキンゼーと言えばMECE」というくらいに、MECEは重要視されているのです。

　そして、今から行う集合論による考察は、MECEを超越した論理的思考力を身につける上で重要なものです。

　それでは先ず、『絶対は存在しない』というカテゴリーを『A』、そして『絶対は存在する』というカテゴリーを『B』としますが、正解があるとすれば、論理上、必ず次の四つのカテゴリーの内のいずれかに当てはまることになります。

(1)「**A**」である。
(2)「**B**」である。
(3)「**A**」かつ「**B**」である。
(4)「**A**」でも「**B**」でもない。

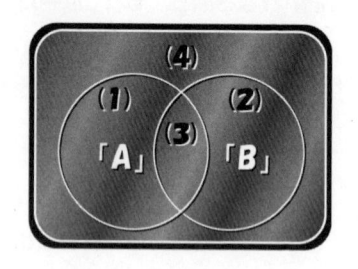

先ず、

（1）の**「絶対は存在しない」**

を選んだ場合は自己矛盾が生じます。何故ならば、絶対というものが存在しないのであれば、『絶対は存在しない』という主張自体も絶対的ではなくなるからです。

次に、

（3）の**「絶対は存在しない」**かつ**「絶対は存在する」**

を選んだ場合も矛盾が生じます。何故ならば、存在とは非存在ではない状態であり、非存在とは存在ではない状態なので、同時に存在と非存在であることは不可能だからです。

そして、

（4）の**「絶対は存在しない」**でも**「絶対は存在する」**でもない

を選んだ場合も矛盾が生じます。何故ならば、存在とは非存在ではない状態であり、非存在とは存在ではない状態なので、同時に存在と非存在でないことは不可能だからです。

さらに、最後に残った

第2章　亜院朱田印 - 陰陽師　（第三話）

（２）の「**絶対は存在する**」

を選んだとしても、やはり矛盾が生じます。何故ならば、絶対は定義上、相対という性質を排除しますが、そのことによって、絶対という性質が相対という性質に対して"相対的"に存在してしまうことになるからです。

したがって、答えを敢えて言うならば、

1．「Ａ」とは言えない。
2．「Ｂ」とも言えない。
3．「Ａ」かつ「Ｂ」であるとも言えない。
4．「Ａ」でも「Ｂ」でもないとも言えない。

となります。

つまり、答えは"非決定的"であるということですが、この非決定性は、有名な『**ゲーデルの不完全性定理**』から導かれる帰結なのです。

そしてゲーデルの不完全性定理は、いわゆる数学定理版の「不立文字（ふりゅうもんじ）」と言えます。

（不立文字 ＝ 真理とは言葉で言い表すことの出来ないものであることを意味する禅の言葉）

◆────────────────◆

朱田印：『つまり絶対というものは、在るとも無いとも言えないものなのだよ』

雅直：『ん～。よく分からん』

朱田印：『そうだ雅直。絶対とは、よく分からんものなのだ』

雅直は、真剣な顔をして考えている。

朱田印：『よいか雅直。言葉で言い表すことが出来るものは、それが何であれ、絶対ではない』

雅直：『なぜだ、朱田印』

朱田印：『何かを言葉で言い表したとき、その「何か」と「言葉」は、相対的な関係にあるということになる』

雅直：『うむ』

朱田印：『そして、相対的な関係にあるということは、絶対ではないということだ』

雅直：『なるほど。確かにそういうことになるな』

　雅直は、ひどく感心してうなずいている。

朱田印：『このような相対的関係を、呪(しゅ)とも呼ぶのだ』

雅直：『呪か…。陰陽師や坊主どもがよく使う術のことだな』

朱田印：『その呪によって、なにかを相対的に縛ったり操ったりすることができる』

　雅直は、何かを深く納得したようにうなずいた。

雅直：『つまり、言葉の性質が相対的だから、相手に呪がかかるわけだな』

朱田印：『まぁ、そういうことだ』

雅直：『ところで、それと魔斗璃九巣がどう関係しておるのだ？』

朱田印：『おおっ、そうだ。現実と幻想の間にある境界について話をしている途中だったな……。その境界は、さっき話した不完全性定理と関係しておるのだ』

第 2 章　亜院朱田印 - 陰陽師　（第三話）

雅直：『不完全性定理 … か … 』

朱田印：『さっきも説明したように、不完全性定理によると、絶対に
　　　　関しては "非決定的" で …… 』

朱田印は、不完全性定理について、雅直に説明し始めた。

◆ ——— **不完全性定理** ——— ◆

　複雑系である世の中の "非決定性" を記述するものとして、物理学の世界には **不確定性原理**（第 1 章を参照）、そして、数学の世界には **不完全性定理** があるのですが、この不完全性定理を理解すれば、マトリックスの謎を解くことが出来ます。

　不完全性定理は、第 1 回アインシュタイン賞を受賞した数学者のゲーデルによって証明されたものですが、この定理によると、全てを解き明かす完全な理論体系を構築することは論理的に不可能であることが証明されているのです。

　この証明は、多くの哲学者や数学者を驚愕させたのですが、例えば、哲学者ピレータスは、不完全性定理によって決定不可能な命題を解こうとして夜も眠れなくなり、自殺をしてしまったそうです。

　それでは、絶対（？）に解くことが出来ないといわれている不完全性定理に関する問題の一つ（偽善者のパラドックス）を紹介しますが、実は、この非決定性の定理は、ゲーデルが生まれる遥か以前に、空の思想を説いたといわれるナーガルジュナ（竜樹）によって用いられていたのです。

それでは、次のパラドックスを解いてみてください。

偽善者のパラドックス

昔、一人の偽善者がある慈善家の息子をさらい、次のような書き置きを残していきました。

『慈善家よ、もしおまえが、私がおまえの息子を返すかどうかを見事に言い当てたら、そのときにのみ、私はおまえに息子を返すだろう。返事は慈善釜に入れておくように』

慈善家は心の広い人だったので、養育費まで包んで、こう返事をしました。

『あなたは息子を返さないでしょう』

さて、この返事を読んだ偽善者は、約束を守る為にどのような行動に出たでしょうか？

第2章 亜院朱田印 - 陰陽師 （第三話）

朱田印：『どうだ雅直。解けるか？』

雅直：『解けるも何も、その問題は解くことが出来ないとさっき言ったではないか。おぬしが言ったのだぞ』

朱田印：『ははは…。そうだったな ──。だがな、ちょっとした工夫をすれば、解くことが可能になるのだ』

雅直：『なに？ どうやるのだ。もったいぶってないで早く教えろ』

朱田印：『そうせかすな』

朱田印は、嬉しそうに笑みを浮かべながら説明を始めた。

朱田印：『よいか、これはとても重要なことなんだが、**命題の解が非決定的になるのは、命題の中に『絶対』もしくは絶対の性質である『無限』という概念を用いた場合だけなのだ**』

雅直：『どういうことだ朱田印。"偽善者のパラドックス"のなかには、絶対とか無限などの記述は無いではないか』

朱田印：『確かに記述は無いように見えるが、無意識のうちに絶対の概念を用いてるのだよ』

雅直：『おれにはさっぱり分からんぞ。説明してくれ』

朱田印：『それでは、不完全性定理の命題に"相対的視点"を加えるというルール違反を犯すことによって、解を見出してみよう。そうすれば、納得するだろう』

雅直：『ルール違反？ よく分からんが、とにかくやってみてくれ』

　　※ 次のページの回答を見る前に、「偽善者のパラドックス」
　　　の謎解きに挑戦してみてください。

◆ ── 不完全性定理の解？ ── ◆

　相対次元の基本的要素は『時間』と『空間』の二つですが、この「偽善者のパラドックス」を解くために、『時間』という要素を考慮に入れて謎解きをしてみることにしましょう。

　「偽善者のパラドックス」では、偽善者が慈善家に送ったメッセージの中には、「いつからいつまで」という期限（時間的要素）を定める記載がなされていなかったので、その部分は非決定的になっています。したがって偽善者は、次のような方法で約束を守ることが可能です。

　まず偽善者は、慈善家の息子を１週間監禁することによって、『１週間、息子を返さなかった』という状況を作ります。そして、その状況を作り出した後で息子を返せば、結果的に約束を果たしたことになります。つまり、『返さなかったから、返した』という条件を満たしたことになるのです。

　このように、相対次元の視点を柔軟に活用すれば、解決不可能と思われる難問も簡単に解くことができるのです。

> 固定された絶対的視点の呪縛から解放され、相対的視点を自在に活用する意識の方向性を、『**相対性自在志向**』と呼ぶことにしますが、相対性自在志向に関しては、最終章（第6章）で再び考察します。

◆ ─────────── ◆

朱田印：『……ということだ』

雅直：『おおっ！　朱田印。凄いぞ！
　　　　お前は、絶対に解けないといわれている難問を解いたのだな』

朱田印：『まぁ、そうとも言えるが、不完全性定理に関する問題を、今のようなやり方で解いてはいけないのだ』

雅直：『何故だ？　何故いけないのだ？』

朱田印：『この問題における期限は**"絶対"**であり、**"永遠（不変）"**であるという前提があるのだよ。だから、1週間の監禁の後に息子を返したとしても、結果的には返したのだから、"返さなかった"という条件が満たされなくなるのだ』

雅直：『そうか。そういうものなのか……』

雅直は、何だか納得したような、しないような、曖昧な面持ちをしていた。

雅直：『ところで朱田印。それがどう、魔斗璃九巣と関係してるのだ？』

朱田印：『不完全性定理とは、前にも説明したように、非決定性を記述した定理だ』

雅直：『うむ』

朱田印：『それでだな。その不完全性定理によると、我々の見ているこの世界も、現実のものかどうかは非決定的であり、分からないことになるのだ』

雅直はしばらく考えて、朱田印に質問をした。

雅直：『しかし、それとこれとどう関係しておるのだ？
　　　不完全性定理によると、何故、この世が現実かどうかが非決定的になるのだ？』

朱田印：『それはだな…』

朱田印:『よいか雅直。"無限"には、"可能的無限"と"現実的無限"があるのだ』

雅直:『なんだか、ややこしいな』

朱田印:『そうややこしくは無い ── 』

　朱田印は、雅直に説明を続けた。

◆ ─『可能的無限』と『現実的無限』─ ◆

　アリストテレスは、無限を『可能的無限』と『現実的無限』の二種類に分けましたが、可能的無限とは、例えば『我々は無限に数を数えることが出来る』という意味での無限であり、現実的無限とは、『無限を表す具体的数値がある』という意味での無限です。つまり可能的無限は、未来に向けて無限に続くことの可能性を表しており、現実的無限は、今という瞬間に無限である何かが存在していることを表しているのです。そして、この二種類の"無限"は、相反する性質を持っています。

**何故ならば、『可能的無限』は『相対』の性質であり、
『現実的無限』は『絶対』の性質だからです。**

　例えば、可能的無限があれば無限に数を数え続けることができますが、そこに現実的無限を表す具体的な数値が登場した場合、その数値よりも上の数値は存在しないので、可能的無限が消えてしまいます。つまり、可能的無限が相対次元の性質である**"変化"**を表しているのに対して、現実的無限は絶対の性質

である**"不変性・普遍性"**を表しているのです。

しかし、我々の存在する"相対次元"には、『現実的無限』は存在しません。例えば、『∞』は無限を表すシンボルですが、このシンボルは、具体的な数値ではありません。子孫代々にわたって無限に数を数え続けることは可能かもしれませんが、いくら数を数え続けても、無限を表す具体的な数値に行き着くことはありません。つまり、現実的無限が存在するのは無限の彼方であり、今という瞬間において現実的無限が存在することは無いのです。

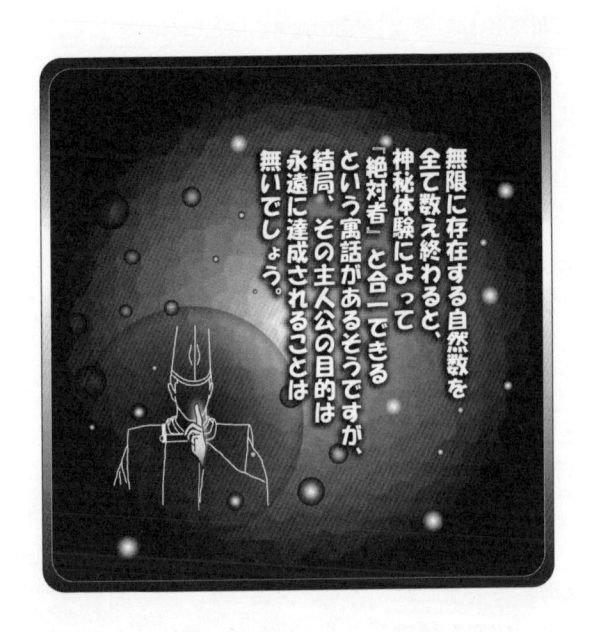

> 無限に存在する自然数を全て数え終わると、神秘体験によって「絶対者」と合一できるという寓話があるそうですが、結局、その主人公の目的は永遠に達成されることは無いでしょう。

朱田印：『… という訳だ』

雅直：『う〜む、なるほど。絶対の性質である"現実的無限"は、相対次元に存在しているとは言えないのだな…』

朱田印：『うむ』

雅直：『そして、絶対（不変）は相対次元には存在しているとは言えないのに、それを相対次元の話に入れてしまうから、解けない矛盾した問題が生じてしまうのだな』

朱田印：『そうだ、そういうことだ。よく分かっているではないか。"偽善者のパラドックス"の場合もそういうことだ』

雅直：『だがな、朱田印。宇宙の大きさはどうなのだ？宇宙は無限の大きさを持っているのではないか？』

朱田印：『宇宙の大きさか …』

**無限なものは二つだけあります。
それは、宇宙と人間の愚かさ。もっとも、
前者に関しては断言できませんが。**

アルバート・アインシュタイン

　実を言うとアインシュタインは、この宇宙の大きさは有限であると考えていました。アインシュタインの一般相対性理論によると、宇宙空間は重力によって曲がっているので、何処までも真っ直ぐに進めば元の位置に戻ってくるという解が存在する

のです。そして、このような宇宙を"閉じた宇宙"と言うのですが、その宇宙を何処までも遠くを見通せる魔法の望遠鏡で覗いたら、自分の後頭部が見えるだろうとアインシュタインは語っています。

朱田印：『… というわけだ』

雅直：『なるほど。宇宙には果てが無いが、大きさは有限なんだな』

　雅直は納得して、しきりに頷いていた。

雅直：『ところで朱田印。それと魔斗璃九巣がどのように関係しておるのだ？』

朱田印：『相対次元には可能的無限性が存在するので、この世が現実であることを証明することはできないのだよ』

雅直：『どういう意味だ？　分かるように説明してくれ』

朱田印：『つまりだな… 』

◆ ─　不完全性定理と可能的無限　─ ◆

　不完全性定理が非決定性をもたらしている理由を、集合論の視点から説明することは既にしましたが、今度は、これを別の視点から説明します。

　例えば、Aという論理体系が真理を記述していることを証明するためには、その論理体系を超えた視点を持つBという論理体系によってAを考察する必要があります。喩えて言うと、自

分の存在位置であるポイント A を正確に把握するためには、それよりも高いレベルであるポイント B からポイント A を見下ろして位置を確認する必要があるということです。別の喩えで言うと、自分の肉眼で自分自身の全てを直接見ることは不可能なので、自分を認識するには、自分を超えた視点が必要になるということです。

そして今度は、論理体系 B が真実を記述していることを証明するためには、B を超えた視点をもつ論理体系 C が必要になるのです。そして今度は、論理体系 C が真実を記述していることを証明するためには、C を超えた視点を持つ論理体系 D が必要になるのです。そして、この証明の過程は無限に続くので、究極的真理、もしくは究極的実在には永遠に到達しないことになるのです。つまり、可能的無限の存在によって非決定性が生じるのです。

◆ ──────────────── ◆

雅直:『う～む。なるほど』

朱田印:『例えば魔斗璃九巣の主人公は、仮想空間から抜け出ることによって自分が存在していた世界が仮想空間であることをはっきりと認識できたのだよ。しかし、仮想空間から現実の空間に抜け出たと思っていても、そこも新たな仮想空間である可能性があるわけだ。つまり不完全性定理によると、我々が認識しているこの世界が仮想世界であることを証明することは出来たとしても、その逆に、現実の世界であることを証明するのは永遠に不可能なのだ』

第2章　亜院朱田印 - 陰陽師　（第三話）

雅直：『そういうことか … 。つまり我々は、魔斗璃九巣の中にいるのかもしれないわけだな──』

朱田印：『うむ。そして、一つだけハッキリしていることは、自分の意識は存在しているということだ』

　　　　　　　　　我 思う、故に我あり。

　　　　　　　　　　　ルネ・デカルト

『雅直、起きろ…。雅直』という声が、何処からか聞こえてきた。そして雅直は、その声で目を覚ました。

雅直：『ん…。おれは今まで、夢を見ていたのか… 』

　朱田印は、袖の中で結んでいた印を解くと、意味ありげに微笑んだ。

朱田印：『雅直。まだ夢の中かもしれんぞ──』

　　　　　　　　　　　　　　　　　　第三話　完

第3章では、

予測不可能性を内在する複雑系ワールドを、

創発の視点から考察していきます。

第3章 創発の視点

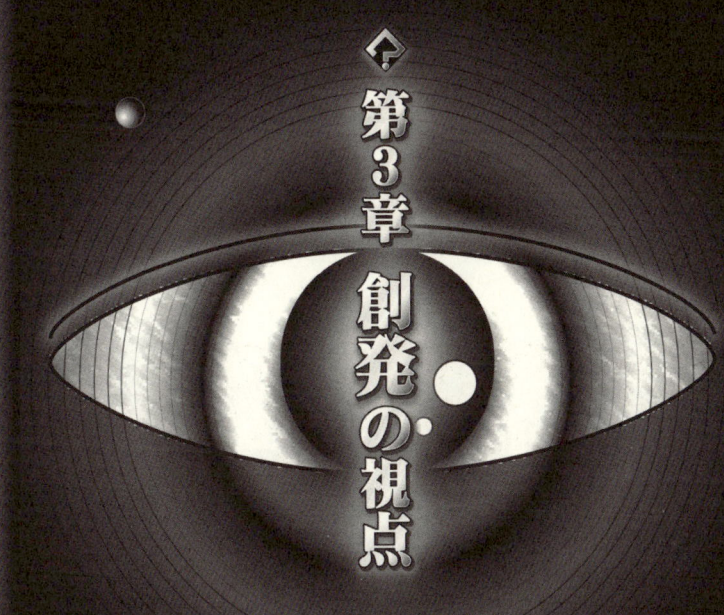

予測不可能性の創発

創発 (Emergence) とは、要素間に働く **相互作用** によって、**プラス・アルファの機能や性質などが生じる現象** ですが、第1章で紹介した複雑系における予測不可能性を生じさせる『**自由意志**』や『**カオス**』なども、様々な相互作用によって創発されています。自由意志を持つ意識は、量子次元の干渉作用(相互作用)や、様々な生物学的機能の相互作用などから創発され、カオス的振る舞いは、各要素間の相互作用を決定させる変数の初期値が僅かに変化することによって創発されていると考えられるのです。

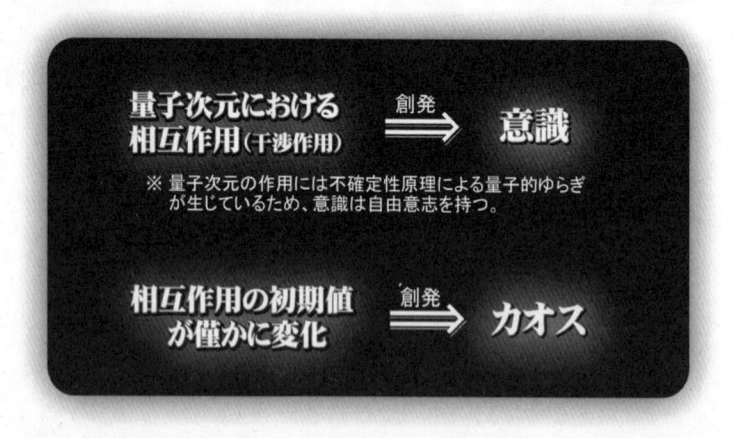

量子次元における相互作用(干渉作用) ⟹創発 **意識**

※ 量子次元の作用には不確定性原理による量子的ゆらぎが生じているため、意識は自由意志を持つ。

相互作用の初期値が僅かに変化 ⟹創発 **カオス**

第1章でも説明しましたが、予測不可能性の第1原因(本質)は自由意志(**不確定性原理による量子的ゆらぎによって生じる**)であり、その自由意志によって生じる予測不可能性が、カオスによって増幅されます。そして自由意志は、予測不可能性の本質であるの

と同時に、『**創発の根源力**』でもあるのですが、創発の原点といえる宇宙創成も、その"創発の根源力"によってもたらされたと考えられているのです(これは第4章で説明します)。それから、第2章では『**不完全性定理**』の説明をしましたが、この不完全性定理も、創発的な性質によって不確定性をもたらしているのです。

【不完全性定理による不確定性の創発】

先ず、Aという予測体系が完全であることを証明するためには、Aという予測体系を超えた視点を必要とします。つまり、Aという予測体系の枠を広げてBという新たな超越的予測体系を作り上げる必要があるのです。そしてこの場合、Aという予測体系が、Aの外にある要素と相互作用を持つ(他の要素を取り入れる)ことによってBという新たな予測体系を"創発"させたことを意味します。しかし、第2章でも説明したように、この予測体系を完全なものに近づけるには、予測体系の創発(拡張)を繰り返す必要があります。しかし、この創発の過程は可能的無限によって永遠に続くので、完全な予測体系にたどり着くことも永遠にないのです。

創発の階梯

　創発は通常、低次元のものから高次元へ、もしくはミクロ次元からマクロ次元の方向へと生じます（予測不可能性の創発もそうでした）。何故ならば、高次元のものやマクロ次元のものは、より多くの要素を内在するので、それだけ多くの相互作用を包含することになるからです。

　例えば、組織の創発の場合『個人→家庭・会社→国家→地球連邦→宇宙連盟？』の流れがありますが、この場合も、組織の規模が大きくなるにつれて、今までになかった新たな相互作用が生じ、様々な性質が創発されることになります。個人が集まることによって会社組織などが創発されるのですが、そのことによって個人にとって固有の性質ではない社風なども新たに創発されることになります。

　それでは次に、物質の創発段階について考察してみましょう。

　広大な宇宙のなかで最もミクロな存在は『素粒子』と呼ばれていますが、この素粒子の"素"は、それ以上分解することが出来ないことを意味しています。素粒子にも様々な種類が存在しますが、そのなかにクオークと呼ばれるものがあります。そして、3個のクオークが相互作用によって結びつくと、陽子や中性子などの核子が創発されます。そして、核子同士が相互作用によって結びつくと原子核が創発されます。さらに、原子核と電子が相互作用によって結びつくと原子が創発され、原子同士が相互作用によって結びつくと分子が創発されるのです。

（右ページ上の図を参照）

第3章 創発の視点

クオーク ⇒ 創発 核子 ⇒ 創発 原子核 ⇒ 創発 原子 ⇒ 創発 分子
（素粒子）

電子
（素粒子）

【 物質の創発段階 】

複数の原子が『**電磁相互作用**』によって結合されることによって分子が創発されるのですが、そのことによって、色やにおいなどの性質も創発されます。しかし、分子の構成要素である原子には、そのような性質はないのです。つまり、原子レベルから分子レベルへと移行することによって、今まで存在しなかった新たな性質が出現するのです。(下図参照)

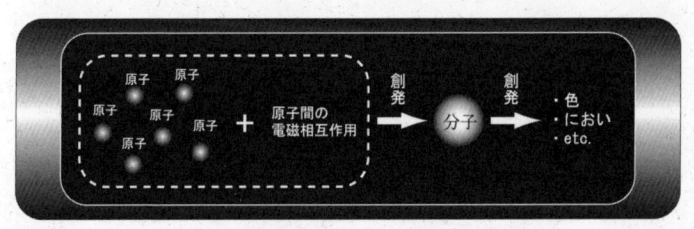

【 電磁相互作用による創発 】

さらに、分子同士も電磁相互作用によって結合し、固体を創発します。そしてそれらの固体は、『**重力相互作用**』によって集結され、衛星・惑星・恒星・太陽系・銀河系・銀河団・宇宙を段階的に創発するのです。(次ページの図を参照)

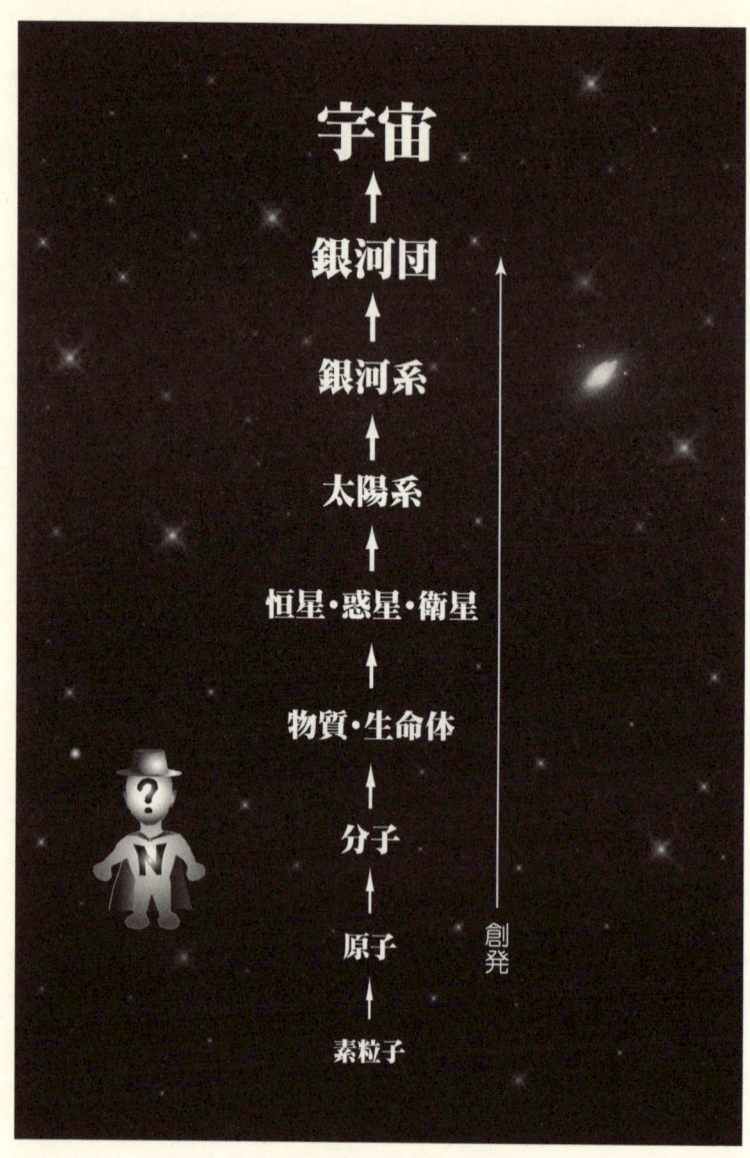

宇宙
↑
銀河団
↑
銀河系
↑
太陽系
↑
恒星・惑星・衛星
↑
物質・生命体
↑
分子
↑
原子
↑
素粒子

創発

【 重力相互作用、etc. による創発 】

第3章　創発の視点

　低次元から高次元への創発の例には、『物質→生物→ 心 』の流れがありますが、この流れに適応する学問分野は『物理学→生物学→心理学』になります。したがって、物理学は生物学に応用され、生物学は心理学に応用されるけれども、その逆は、一般的には無いと考えられています。

$$物質 \underset{創発}{\Rightarrow} 生物 \underset{創発}{\Rightarrow} 心$$

$$物理学 \underset{創発}{\Rightarrow} 生物学 \underset{創発}{\Rightarrow} 心理学$$

そして、この流れを細分化すると、
　　『数学→物理学→化学→生物学→心理学→社会科学』
　　　　　　　　　　　　　　　　　　　　　　となります。

　したがって、数学は最も本質的(基礎的)な学問であり、様々な領域に応用可能であるということです。

　それでは次に、意識レベルの階梯について考察してみましょう。例えば、世界的に著名な医師であるディーパック・チョプラ博士は、"全ての細胞は知性を持っている"と主張しており、神経科医であったワイルダー・ペンフィールド博士も、意識は筋肉・骨・臓器・ニューロン・分子・原子などのあらゆる場所や次元において機能していると述べています。つまり、意識が人体の特定の場所に存在すると考えたのでは、ニューロン生理学を矛盾なく説明できないという結論に至ったのです。

原子レベルの意識たちは相互作用によって細胞レベルの意識を創発し、細胞レベルの意識たちは相互作用によって臓器レベルの意識を創発します。そして、脳や心臓などの臓器レベルの意識は、相互作用によって一人の人間としての高度な意識を創発すると考えられるのです。そして、個人の意識は相互作用によって集団意識や集合的無意識を創発し、究極的には宇宙全体に広がる超意識を創発していると考えられます。つまり、究極の複雑系は、全ての存在と相互作用を包含する広大な宇宙だと解釈できるのです。そして、ガイアとも呼ばれる生命体としての地球も複雑系です。

ガイア仮説
　イギリスの化学者ジェームス・ラブロックは、"地球は生きている"という仮説を立てましたが、その切っ掛けとなったのは、彼がNASAで行われた火星の生命探査計画に参加したことでした。火星探査において生命体を捜すときに、生命体の定義が明確でなければ、自分が火星で何を探せばいいのかも分かりません。そこで、その定義を考えているうちに、地球全体のシステムが生命体としての条件を満たしていることに気が付いたのです。そして、ギリシャ神話に登場する大地の神ガイアにちなんで、その名をつけたといわれています。

第3章 創発の視点

それでは次に、複雑系社会における創発的進化過程を、『複雑系進化ダイアグラム』を用いて説明します。

複雑系進化ダイアグラム

『創発の方向性』は、『進化の方向性』と関連がありますが、我々の存在する複雑系は、どのように進化しているのだろうか？

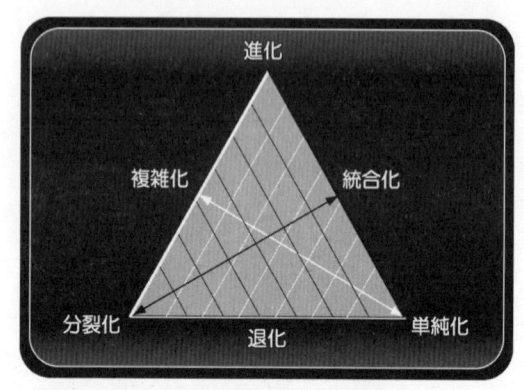

◎ 複雑系進化ダイアグラム

複雑系の構造を、単に"複雑"と"単純"という２つの方向性だけで捉えようとしている人が多くいるようで、そのような"単純な見方"をしていたのでは、ことの本質を把握することは困難でしょう。そこで、複雑と単純に、新たな方向性の視点を加え、考察してみることにします。

上の図を『**複雑系進化ダイアグラム**』と呼ぶことにしますが、このダイアグラムは、『**複雑化⇔単純化**』と『**統合化⇔分裂化**』の２つのベクトルによって構成されています。つまり、複雑と単純の２つの方向性に、統合と分裂という新たな方向性(視点)を加えているのです。

第3章 創発の視点

例えば、人間の身体機能は"複雑"ですが、高度に"統合"されているので、ダイアグラムの上方に位置する進化した存在といえます。

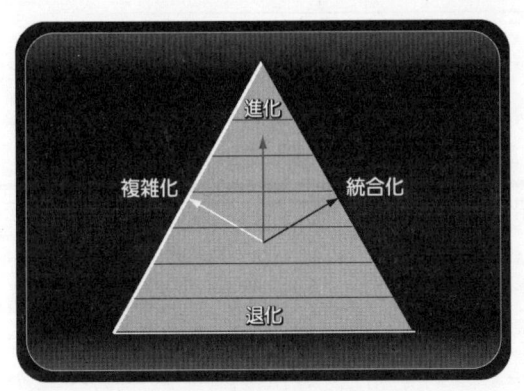

◎ 複雑化と統合化のベクトルが合わさると、進化への方向性が生じる。

そして、複雑で統合された機能が分裂したり単純なものになったりすれば、それは退化であり、ダイアグラムの底辺に位置することになります。例えば、複雑な機能を持つ人間が、アメーバやバクテリアなどの"単純"な生物に変化したとすれば、それは退化といえます。

しかし、ここである誤解が生じる可能性があります。一般的に『単純』という言葉は、悪い意味で使用される場合と、良い意味で使用される場合があり、例えば、『あなた単純ね』という言い回しの場合、それは悪い意味で使用されていると解釈して、まず間違いないでしょう。しかし、「単純」という言葉に"化"を付け足して『単純化』と言った場合は、良い意味で使用され

る場合が多いようです。とくに近年ではその傾向が増しているようで、『単純化戦略』などという表現も耳にします。それでは、その"単純化戦略"を「複雑系進化ダイアグラム」で説明した場合、どのような解釈が可能でしょうか？

実は、その"単純化"の言葉の意味をよく考えてみると、それは複雑系進化ダイアグラムに表記されている単純化のことではなく、"統合化"のことを意味していることが分かります。

統合化されたものは、実際には複雑な機能を持っていても、見かけ上は単純に見える場合があります。物理学の場合でも、進化した理論、もしくは自然を記述する進化した数式は単純になるといわれていますが、それは、複雑な自然の機能を論理的に統合化することに成功したからであり、たった一本のひもで宇宙の全てを説明する**"超ひも理論"**がその代表的な例だと言えます。しかしその場合でも、自然そのものが単純になったわけではありません。電化製品などの場合も、複雑な機能が統合化されることによって表面的なデザインや操作方法などはシンプルになってきていますが、精密な内部構造や機能そのものは時代とともに複雑性や多様性を増しており、素人による電化製品の修理は困難になっています。

つまり、複雑系進化ダイアグラムに表記されている方の単純化は、統合によってもたらされる表面的なデザインや操作方法などのシンプル化ではなく、内部構造や機能そのものの単純化を意味しているのです。機能そのものの単純化とは、例えば、前進することしか出来ない車を作るとか、一つのチャンネルしか映らないテレビを作るとかです。

第3章 創発の視点

　それからもう一つ、『分裂化』に関して誤解が生じる可能性があります。例えば、『生物は細胞分裂することによって進化するのではないですか？』という疑問を持つ人がいるかもしれません。しかし、ダイアグラムに表記されている『分裂化』は、統合化とは逆方向のベクトルであり、統合化に対立する概念として使用しているので、統合を伴う細胞分裂の「分裂」を意味していません。進化における細胞分裂は、「統合を伴う複雑化」です。

　ダイアグラムにおける複雑化は、要素が増えることを意味しており、単純化は、逆に要素が減少することを意味しています。そして統合化とは、要素間に調和的相互作用が生じることによってプラス・アルファな機能や性質が創発されることです。逆に分裂化とは、要素間の相互作用がなくなること、もしくは要素間に不調和的相互作用が生じることを意味しています。

　言葉の定義を明確にしたところで、最後に会社組織を例にとって説明してみましょう。例えば、会社組織が大きくなれば組織は単純なものから複雑なものになっていきますが、それぞれの部門の機能が統合されて全体として相乗効果を発揮することができれば、その組織は進化しているといえます。逆に、それぞれの部門の機能が分裂していき、全体としての機能が麻痺すれば、それは組織の退化と言えます。

　つまり複雑系は、複雑化の方向性に統合化の方向性が加わることによって創発的に進化するのですが、分裂化の方向性が優位になると退化するのです。

量子的進化 (Quantum Evolution)

　複雑系の進化は直線的なものではなく、非連続的な変化をもたらします。例えば、生命体の進化は非連続的な突然変異を繰り返すことによって進行したと考えられており、その非連続性を示唆するのがミッシング・リンク（失われた環）と呼ばれる、進化過程において古代の生物と現在の生物との間を繋ぐべき未発見の生物です。しかし、何故そのような非連続的な進化が生じたのでしょうか？

　例えば、前肢が翼に進化する場合、半分だけの翼では適応価値がなく、役に立ちません。半分だけの翼では、走ることも飛ぶこともできないので、他の生物の餌食になってしまいます。したがって、一気に完全な翼が生じるような突然変異が必要なのです。

　文明の進化も非連続的な性質を持ち、パラダイム・シフトを繰り返すことによって発展を成し遂げました。さらに、宇宙の進化も『相転移（そうてんい）』と呼ばれる非連続的な変化によってもたらされたのです。相転移とは物質の状態の変化を意味しますが、例えば、水は摂氏0度で氷に相転移し、摂氏100度で水蒸気に相転移します。そして、宇宙の誕生時においてはたった一種類しかなかった力も、断続的な相転移の繰り返しによって重力や電磁気力などの新たな力を生み出し、複雑化していったのです。

　このような非連続性をもたらす相転移は、カオスと深い関係があります。相転移が生じる臨界粋においては、僅かな気温の変化で物質の性質がまったく違ったものになってしまうので、

第3章　創発の視点

相転移がカオスを引き起こす要因の一つになるのです。そして、相転移を広義の意味で捉えれば、パラダイム・シフトも相転移の一種であると解釈できます。

相転移が生じる分岐点においては、『ゆらぎ (Fluctuation)』と呼ばれる状態が生じますが、これは、平均値前後での絶え間ない変動を意味します。例えば、人生における「ゆらぎ」とは、ある決断をする前の迷いの状態を意味します。そして、その決断をするか、しないかによって、相転移が生じるか、生じないかが決まるのです。また、いわゆる"悟り"も、相転移の代表的な例と言えるでしょう。(「理性のゆらぎ」については、p.36 を参照)

そして量子次元においては、第 1 章で紹介した『量子飛躍』と呼ばれる非連続的な変化が頻繁に生じているのですが、そのことから、急激な変革は比喩的に『**量子的進化**』とも呼ばれています。そして、私がこの原稿を書いている瞬間には、小泉政権による量子的進化が期待されています。更には、テロリズムも量子的進化の過程において大きな役わりを演じているのですが、そのことに関しては第 5 章で解説することにします。

フラクタル進化論

大宇宙の神秘の一つには、『フラクタル構造』と呼ばれるものがあるのですが、このフラクタルとは、全体の構造がそれを構成する部分の構造と相似の関係にあることを言います。

例えば、太陽の周りを複数の惑星が公転しながら自転もしている構造は、原子核の周りを複数の電子が公転しながら自転もしている構造と相似の関係にあるのです（下図参照）。更には、銀河系の中心を軸にして公転しながら自転もしている太陽系や、惑星の周りを公転しながら自転もしている衛星も、それらと相似の関係にあるのです。

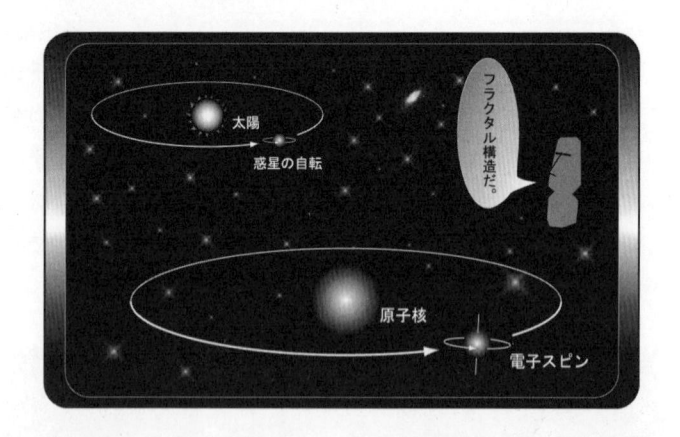

（図：太陽と惑星の自転、原子核と電子スピン。「フラクタル構造だ。」）

更に驚くことには、『**我々の文明の発展もフラクタル構造**』なのです。科学は、物質や自然現象を単純な要素に分けて研究する還元主義的手法と、様々な要素を統合していく全体論的手法の両方を用いて近代文明を発展させてきましたが、この両方の手法は交互に繰り返されています。そして、この繰り返しの

第3章　創発の視点

過程には微視的なものと巨視的なものがあり、両者は相似になっているのです。(下図参照)

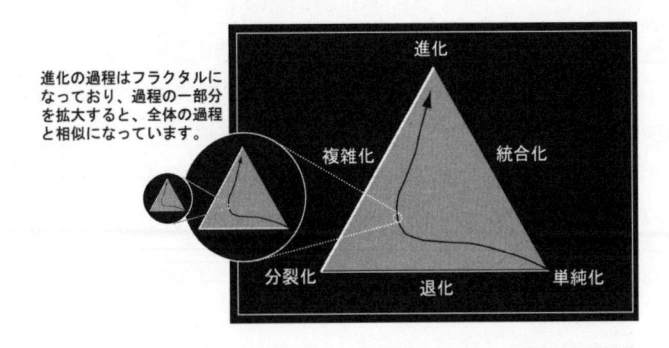

進化の過程はフラクタルになっており、過程の一部分を拡大すると、全体の過程と相似になっています。

（図：進化／複雑化／統合化／分裂化／退化／単純化）

　宇宙の構造や科学の発展など、物事の多くは単純なものから始まりますが、それは、上図の位置で示すと右下になります。そして、単純なものは複雑なものへと変化しますが、複雑化の過程において分裂化と統合化の選択があります。科学の発展においては、最初に分裂化への方向性が選択され、そのことによって様々な科学分野が誕生し、独立した研究をするようになりました。しかし、現代科学の流れは統合化へ向かっており、複雑系の科学などが注目を浴びています。

> 複雑系科学の統合範囲は数学や物理学などの領域を遥かに超え、生物学、医学、心理学、経済学、政治、そして芸術などにも及んでいるのです。

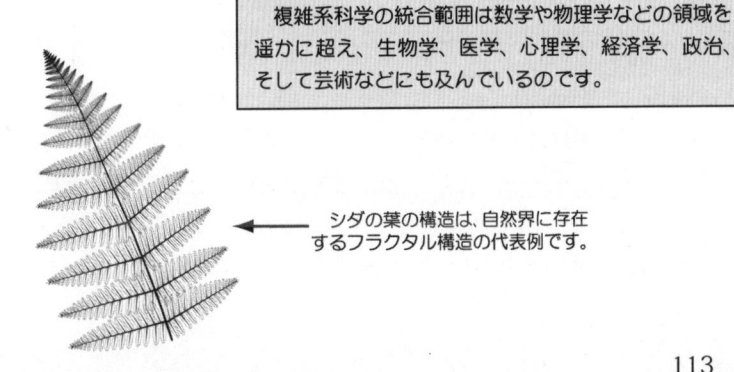

← シダの葉の構造は、自然界に存在するフラクタル構造の代表例です。

113

創発思考の階梯

　さて、『創発』と『創発的進化の方向性』に関しては理解してもらえたと思いますが、それでは、『創発思考』とはいったい何なのだろうか？　本書の前書きでは、**『創発思考とは、複数の要素を統合することによって、新たな価値や性質などを生み出す思考法のことである』**と書いたが、それだけでは具体性に欠ける。そこで、これから創発思考の具体的な作用について説明をすることにします。

◆ 創発思考の三つの段階

　創発思考には、**『創発的観察 ⇒ 創発的推論 ⇒ 創発的創造』**の三つの階梯があるのですが、創発的観察とは、この章で紹介した「創発の階層性」や、その階層性を生み出している「相互作用」を見極める観察作用（思考作用）です。次の段階である創発的推論とは、前段階の創発的観察によって得られた情報から、「未知なる創発的レベル」を推測する思考作用です。そして、最後の段階である創発的創造とは、今まで存在していなかった創発的レベルを、新たに作り出す思考作用です。

　この創発的創造に関する解説は第5章ですることにしますが（創発的市場戦略、etc.）、ここでは、その一例を挙げておくことにします。例えば、第2章で紹介した『亜院朱田印-陰陽師』は、「アインシュタイン」という要素と「陰陽師」という要素を統合することによって創発させた作品ですが、この『阿院朱田印-陰陽師』というものは、自然界にもとから存在していたもの

ではありません。つまりこれは、既に世のなかに存在するものを発見したわけではなく、今まで存在していなかった相互作用をアインシュタインと陰陽師との間に生み出し、新たな価値を意図的に生じさせる創発的創造を行ったことになるのです。

陰陽師 ＋ アインシュタイン —創発→ 亜院朱田印・陰陽師
アインシュタインと陰陽師が統合されることによって創発されたサイエンス・ストーリー

そして、創発思考の最初の段階である創発的観察については、今までの解説によってある程度理解してもらえたと思うので、つぎに、創発思考の第二段階である創発的推論と、その創発的推論から得られる『**創発的発見**』について説明します。

◆ 創発的推論と創発的発見

創発的発見とは、複数の要素（理論や機能など）を統合させることによって、統合する前の要素からは予測できなかった何かを見出すことである。例えば、物理学者のポール・ディラックは、特殊相対性理論と量子力学の統合によってディラック方程式を完成させたが、その方程式からは『電子スピン』や『反粒子』の存在が創発的に導き出されたのです。

電子スピンについては「フラクタル進化論」のところで紹介しましたが、電子は原子核の周りを公転しながらスピン（自転）もしているのです。そして、反粒子に関しては次の章で紹介し

ますが、これはとても不思議な粒子なのです。

創発的理論は、次のページの図にあるように、階層的になっているのですが、電磁気力と弱い力を統合する『統一理論』や、電磁気力、弱い力、強い力を統合する『大統一理論』などの統一理論からは、『ヒッグス粒子』と呼ばれる未知の素粒子の存在が創発的に導かれるのです。そして、このヒッグス粒子は、物理学における統一理論には欠かせないものなのですが、まだ、実験的にはその存在が確認されていません。(次の章では、ヒッグス粒子の謎にも迫ります)

そして、宇宙に存在する四つの根源的フォース（電磁気力、弱い力、強い力、重力）を全て統合させる超大統一理論の最有力候補である『超ひも理論』からは、"超ひも"と呼ばれる一本のひもの存在が創発的に導き出されます。この超ひもは、単に四つの根源的力を統合させるだけではなく、相対性理論と量子力学を統合させ、さらには宇宙に存在するあらゆる科学理論を統合することが可能であるとも言われています。何故ならば、宇宙の「存在」と「力」は、すべて超ひもによって創発されているからです。

したがって、超ひも理論から得られる"超ひも"の存在は、究極の創発的発見であり、超ひも理論は、究極の創発理論ともいえるのです。

（※ 右図の解説は、次の章でします）

第3章　創発の視点

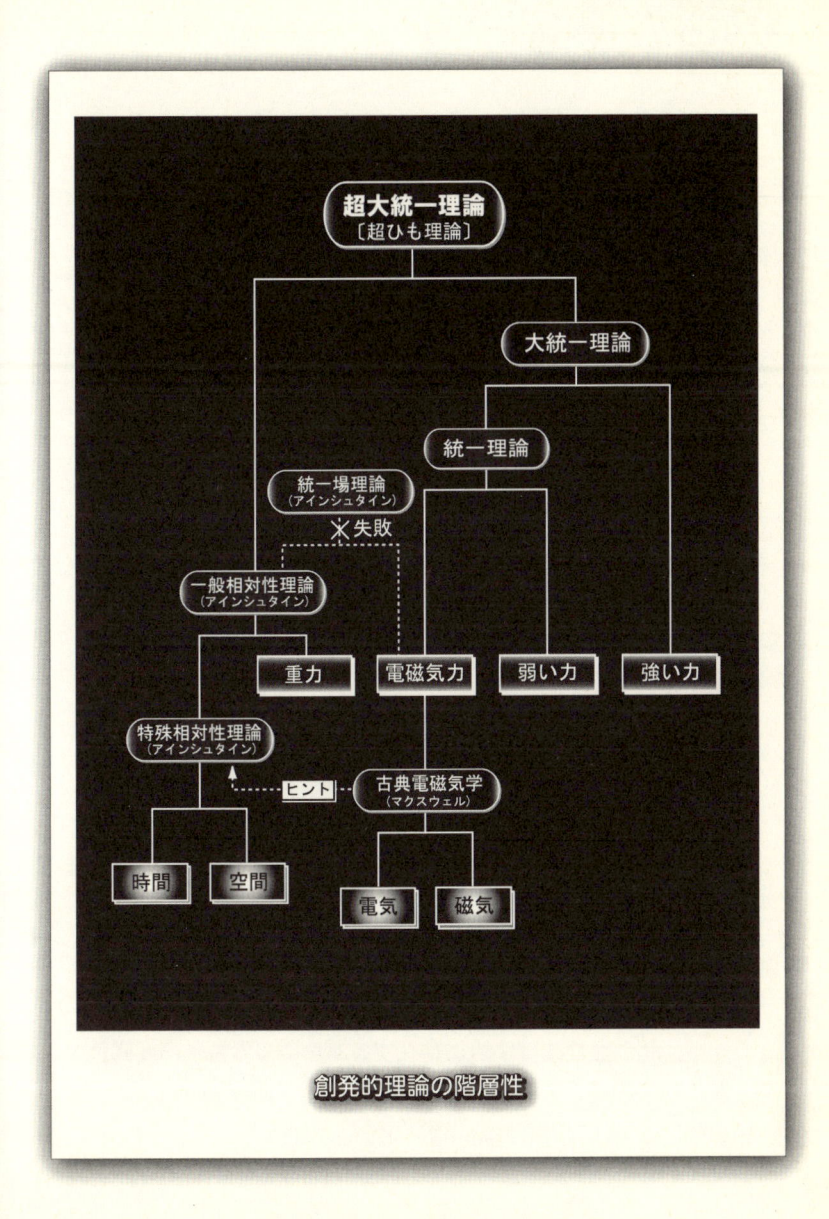

```
                    超大統一理論
                    〔超ひも理論〕
                         │
         ┌───────────────┴────────────┐
         │                          大統一理論
         │                             │
         │                    ┌────────┴────────┐
         │                   統一理論            │
         │                    │                 │
    統一場理論                 │                 │
    （アインシュタイン）        │                 │
       ※失敗                   │                 │
         │                     │                 │
    一般相対性理論              │                 │
    （アインシュタイン）        │                 │
         │                     │                 │
    ┌────┴────┐        ┌──────┼──────┬──────┐
   重力       電磁気力  弱い力  強い力
         │
  特殊相対性理論 ←ヒント── 古典電磁気学
  （アインシュタイン）        （マクスウェル）
         │                         │
    ┌────┴────┐              ┌─────┴─────┐
   時間      空間              電気       磁気
```

創発的理論の階層性

究極の創発理論

　アインシュタインは、宇宙の法則を一つに統合する理論の完成を模索したが、失敗に終わった。しかし、最新の素粒子物理学から創発された超ひも理論によって、アインシュタインの夢がかなう可能性が出てきたのだ。アインシュタインの夢を実現させる理論として注目されているのは"超ひも理論"なのだが、この理論の別名は『**TOE**』(The Theory of Everything)――つまり、"万物の理論"とも呼ばれているのである。

　第1章では、重力定数やプランク定数などの自然定数の話をしたが、それらの定数が、何故その数値を持つのかは謎に包まれている。しかし、超ひも理論が完成すれば、その謎さえも解き明かすことが出来るというのだ。つまり、超ひも理論からは、創発的に様々な自然定数を導き出すことが可能だと思われているのです。

　ところで、素粒子物理学は物質を構成する最小単位を研究する学問なので、"究極の要素還元主義"とみなされている場合が多い。それでは、素粒子物理学における『超ひも理論』は、究極の要素還元主義的理論なのだろうか？

　解釈の仕方によっては、超ひも理論は宇宙をたった一本のひもに"還元"して説明する理論であると言えるかもしれない。しかし、超ひも理論は宇宙に存在するあらゆる素粒子の**多様性**と、その多様性から生じる**相互作用**を解き明かす理論なので、結果的には全体論的な理論になっているのです。

第3章 創発の視点

> つまり、還元主義の場合は、様々な要素が別のものであるという観点から全体を要素に"分解"していくのに対して、超ひも理論の場合は、様々な要素が実は同じものの違った側面であることを解き明かして"統合"していくのです。

還元主義 "分解"　　　**超ひも理論** "統合"

そして、第1章においてカオスと予測不可能性の関係を説明したときに、

> 現象が複雑に見えても、必ずしも多くの要素が関連しているとは限らない

という話をしましたが、究極の理論と言われる超ひも理論によると、複雑に見える宇宙の存在と現象は、『たった一本のひも』によって創造されていることになるのです。つまり、たった一本のひもが様々な種類の波動を持つことによって、宇宙空間における無限の多様性(可能的無限)を創発しているのです。

それでは次の章で、超ひも理論の謎解きに挑戦してみることにしますが、そこには、第2章に登場した亜院朱田印‐陰陽師が再び登場します。

第4章 では、

究極の創発理論に隠された、

『聖なる謎』 を解き明かします。

第4章 聖なる謎

（亜印朱田印 - 陰陽師）

プロローグ

美しい理論は真実を語る。

アルバート・アインシュタイン

『美しい理論』とは何か？

美しい理論には『対称性』がある。

例えばズボンをはいたときに、右側は長ズボンで、左側が半ズボンだったとしたら…

それは美しくはない。

やはり、対称性は美しさの基本である。

非対称的なものは混沌的であり、秩序の乱れを表現している。しかし、世の中をよく見渡すと、そこには非対称的な美もある。

それらは、『大きな対称性の中に潜んだ小さな非対称性』であったりする。

例えば、背広やワイシャツの左胸にだけ付いたポケットや胸飾りとか…。

それから、人間の体は、全体的には左右対称に見えるが、心臓や肝臓などの臓器は左右非対称に配置されている。

やはり、自然や我々の感性は、大きな対称性のなかに潜む小さな非対称性を必要としているのであろうか？

第4章 聖なる謎（プロローグ）

　例えば、宇宙を構成する素粒子の世界には大きな対称性があるが、そこには小さな**"対称性の破れ"**がある。そして、理由は後で明らかになるのだが、実は、その対称性の破れがなければ、この宇宙は存在できないのである。

　哲学や宗教の世界には、**"対称性は絶対者の本質である"**とする考え方が存在するが、この考えを肯定した場合、絶対者は自らの絶対性を否定して現象世界（相対的な世界）を創造したことになる。そして、それが対称性の破れなのです。

　対称性の破れによって創造された大宇宙のダイナミズムを司っている根源的フォースには、重力や電磁気力を含む四つの種類が存在するのだが、その四つの根源的フォースを「超大統一フォース」と呼ばれる究極のフォースへと統一する視点、つまり…『**神の視点**』を発見するためには、それぞれのフォースの関係に対称性を見つけ出す必要があるのです。

　そして、四つの根源的フォースを『超大統一フォース』として統一したとき、この宇宙が、たった一本のひもで出来ていることを発見する。つまり、複雑に見えるこの宇宙の本質は、とてもシンプルなのです。

　これは、**TOE** (The Theory of Everything)——日本語に訳すと万物の理論——とも呼ばれている『**超ひも理論**』からの帰結であり、最も有力な仮説として注目されているのです。そしてこの超ひも理論には、さらに驚くべき謎が隠されているのです。

　天才アインシュタインは、この**"聖なる謎"**を解き明かすために宇宙の根源的フォースを統一しようと試みたが、その夢を

果たせずに生涯を終えました。しかし何故、アインシュタインは根源的フォースの統合に失敗したのであろうか？

宇宙に存在する全ての根源的フォースを統合させるには、20世紀最大の理論として双璧を成す「量子力学」と「相対性理論」をも統合させる必要があるのですが、その統合を試みようとすると、物理学的な理解の限界を超えた**"無限大"**の数値が現れてしまうのです。したがってアインシュタインの夢を実現させるためには、その無限大という"矛盾"を取り除く必要があるのです。

自然法則を記述する理論は、一般的に、多くの対称性を含むほど多くの理論の統合を可能にしますが、TOE（万物の理論）の候補である"超ひも理論"には、**"超対称性"**と呼ばれる高次元の対称性を含め多くの対称性が内在されており、「量子力学」と「相対性理論」の統合をも可能にすると言われています。そして多くの科学者は、超ひも理論が持つ幾何学的対称性の美しさに魅了されています。

つまり、『自然の本質は美しいものであり、その美しい自然の本質を記述する理論は必然的に美しくなる』という前提があるのです。しかし、美しい"人"は嘘をつくことがあっても、美しい"理論"は真実しか語らないのだろうか？　物理学会の巨匠デイビッド・ボーム氏は、科学と芸術が統合される日の訪れを予言しており、科学の進化は単なる知識の集積ではなく、美に対する直感的知覚を必要とすることを確信していました。

そして現実問題として、現在の粒子加速器のレベルでは実験的に検証不可能な"万物の理論"を探究していくうえで、審美

第4章 聖なる謎（プロローグ）

的な判断が重要な役わりを演じています。

　はたして、究極の美を秘める TOE としての超ひも理論によって、宇宙ダイナミズムの本質である「四つの根源的フォース」は完全に統一されるのか？　この究極的統合へと進む過程は対称性を発見していく過程であり、"絶対者"の領域へ近づくことを意味しますが、はたして、究極的対称性に潜む『**聖なる謎**』の正体とは…。

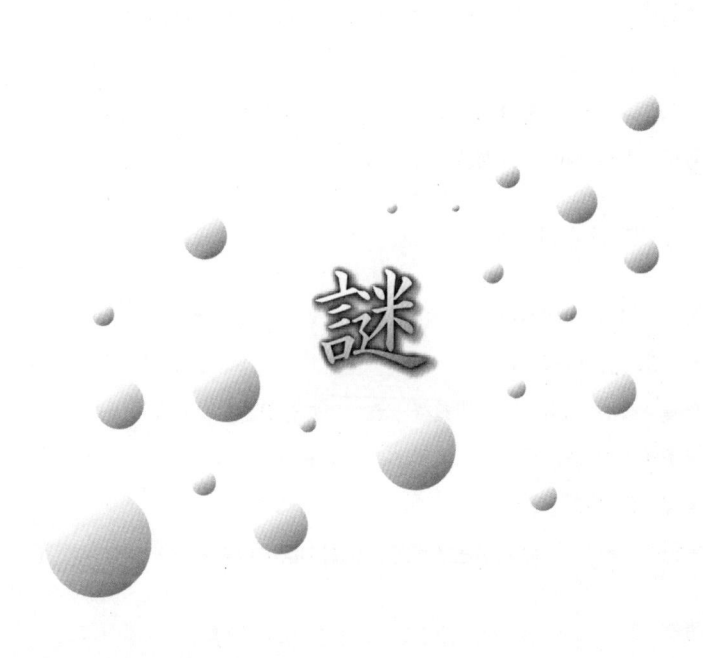

聖なる謎（前編）

　朱田印が自分の屋敷でくつろいでいると、第2章にも登場した藤原雅直がたずねてきた。

雅直：『朱田印。何をしておる？』

朱田印：『ひもについて考えていたところだ』

雅直：『ひも？』

朱田印：『そうだ。ひもとは何かを考えていたのだ』

雅直：『なに？　紐とは紐ではないのか』

朱田印『まあ、そうだがな。そのひもは普通のひもとは違うのだ』

雅直：『どう違うのだ？』

朱田印：『そのひもはな、宇宙のすべてを解き明かすひもなのだ』

雅直：『そんなひもがあるのか…』

　朱田印は、軽くうなずいた。

雅直：『朱田印。おれにそのひもを見せてくれないか』

朱田印：『ははっ』

雅直：『何が可笑しい。おれは、そのひもを見たいのだ』

朱田印：『雅直。そのひもを見ることは出来ぬ』

雅直：『何故だ？』

朱田印：『あまりにも小さすぎて、人間の目では見ることができないのだ』

雅直：『……。それで、どのくらい小さいのだ？』

朱田印：『そのひもの大きさは"プランク長"といってな、宇宙に存在することのできる最小の大きさなのだ』

（※プランク長に関しては、pp.28～31を参照）

雅直：『最小の大きさか……』

朱田印：『そのひもはな、宇宙に存在するすべてを対称性によって一つに統合してしまうのだぞ』

雅直：『対称性によって統合する…？』

朱田印：『そうだ』

雅直：『朱田印。分かるように説明してくれ』

朱田印：『よし、それでは先ず、対称性について説明をしよう』

◆ ─── **対称性** ─── ◆

アリストテレスやレオナルド・ダ・ビンチなど、多くの哲学者や芸術家は、対称性は美の本質であると見なしていました。さらには、生後三ヶ月の赤ん坊には美を判別する能力が既に備わっており、対称性のあるものを美しいと感じているそうです。

対称性は"**美の本質**"であるだけではなく、"**絶対の象徴**"でもあります。しかし何故、対称性が絶対の象徴なのだろうか？

一つの対称性があれば、そこには一つの不変性・普遍性・保存則が存在する という定理が、ドイツの数学者エミー・ネーターによって証明されたのですが、この『普遍性・不変性』は、『絶対』の持つ性質です。したがって、対称性が絶対の象徴として用い

られるのです。

　例えば、三角形を180度回転させると上下の形が変化しますが、円の場合は中心を基点として360度方向に対して対称な形をしているので、中心を軸にしてコマのように回転させても、上下左右の形は常に一定であり、不変性が保たれています。

　そして、このように回転操作に対する不変性を『**回転対称性**』といいます。さらに、球の場合は中心を基準点としてあらゆる方向に対して対称な形をしており、あらゆる方向の回転運動に対して不変性を保ちます。したがって、円や球体は様々な宗教や哲学において完璧で神聖なものの現れであると考えられているのです。

　究極の対称性のシンボルとして使用される円や球体は、絶対の性質である無限(現実的無限)を表すシンボルとしても使用されます。何故ならば、例えば三角形の外周には三つの辺があり、四角形の外周には四つの辺がありますが、その辺の数を無限にしたのが円や球体の外周であると考えられるからです。

◆───────────◆

朱田印：『──ということだ』
雅直：『なるほど。対称性とは凄いものなんだな』

　雅直は、朱田印の話に大いに感心して、しきりにうなずいていたが、何かを疑問に思ったようだ。

第4章　聖なる謎（前編）

雅直：『だがな、朱田印。おぬしは、この相対次元には現実的無限は存在しないと言ったではないか（第2章の第三話を参照）。それと"無限の辺"の話は矛盾しておらぬか？』

朱田印：『良いところに気がついたな。しかし、矛盾はしておらぬ』

雅直：『何故だ？』

朱田印：『この物理空間の本質はアナログではなく、デジタルだからだよ』

雅直：『うーむ。何を言っとるのか、おれにはサッパリ分からんぞ』

朱田印：『物理的空間にはプランク長と呼ばれる最小の単位があるという話はさっきしたが、それよりも短く空間を分割することはできないから、実際には円周が無限の辺を持つこともない』

雅直：『なるほど。つまり完璧な円や球体は存在していないということだな』

朱田印：『そういうことだ。だから現実的無限などの絶対の性質が存在してるとは言えないのだ』（第2章の第三話を参照）

雅直：『ならば神も絶対ではないのか？』

◆ ──── **神と絶対者** ──── ◆

朱田印：『よいか雅直。宗教的には、神は絶対であるとする考え方と、神は絶対ではなく、神の上に存在と非存在の二元を超えた"絶対者"、もしくは"空"というものを想定する考え方があるのだよ』

雅直:『なるほど。それで、どっちが正しいのだ?』

朱田印:『これは不完全性定理の話のときにもしたが、絶対は定義上、存在と非存在の二元を超越しているのだ。だから、"存在"としての神は絶対ではない』

雅直:『なるほど。しかしだな朱田印。例えば宗教的な修行によって"絶対"を体験したという話を、おれは聞いたことがあるぞ』

朱田印:『よいか雅直。"体験"というのは、主体と客体が相互作用することによって創発されるものだ。そして相互作用とは、相対的な作用だ』

雅直:『なるほど、そして相対的であるということは、"絶対"ではないということか…』

朱田印:『そういうことだ。我々が存在としての神を体験することは可能だが、存在と非存在の二元を超越している"絶対"はもちろんのこと、"非存在"を体験することさえもかなわぬ。何故ならば、非存在(存在しないもの)と相互作用を持つことは不可能だからだ』

雅直:『なるほど … 』

朱田印:『存在を超えたものは、想像(イメージ)することも不可能だ。何故ならば、何かを想像した段階で、そこにはイメージが"存在"することになるだろ』

雅直:『う〜む。それでは、瞑想でもして思考や想像を止めたら、存在次元を超えた体験をすることができるのではないか?』

どうやら雅直は、体験することのできる神が"絶対"だと思いたいらしい。

第4章 聖なる謎（前編）

雅直：『つまりだ、朱田印。自分が存在でなくなれば、存在を超えた体験をすることができるのではないか？』

朱田印：『それも無理だ。仮に存在でなくなったとしても、存在でなくなった時点で、"体験をする自己"も消えてしまうだろう。体験をする本人がいなければ、体験もできん。体験の記憶さえも残らんぞ』

雅直：『う～む』

どうやら頑固者の雅直も、朱田印の考えを認めざるをえないことに気がついたようである。そして気がついてみると、神は絶対でないと考えた方が好ましいように雅直にも思えてきた。西洋的なイメージの神は、"絶対者"として人間の上に君臨しているが、そのような神は存在しないのだ。

『神の言葉』のことを『ロゴス (Logos)』と言いますが、ロゴスには、『理性・概念・論理・理論・思想・理法』という意味もあり、ロジック (論理) の語源ともなっています。そして不完全性定理からの帰結によって、このロゴスの力では絶対の領域には到達できないことが明らかになっていることは、第2章の第三話で説明しました。つまり、我々の知性が絶対に到達する、もしくは絶対を論理的に把握することはありえないのです。さらには、絶対を体験することさえも不可能なのです。しかし、絶対 (現実的無限) の領域までの距離は無限であるため、ロゴスは無限の可能性（可能的無限）を秘めていると言えます。

雅直:『なるほど…。ところで朱田印、絶対と神の関係については分かったが、"対称性による統合"はどうやるのだ?』

朱田印:『統合の話をするまえに、先ずは、"何を統合するのか?"ということを説明しておこう』

雅直:『そうだな。それを先に教えてくれ』

◆ ── 統合される様々な要素 ── ◆

朱田印:『この大宇宙は、素粒子と呼ばれる極微な存在で構成されているのだが、その素粒子には、大きく分けると二つの種類が存在する。ひとつは物質粒子で、もうひとつは力の媒介粒子だ』

雅直:『なるほど。**"物質粒子"**と**"力の媒介粒子"**か…』

朱田印:『この世に存在する全ての物質は"物質粒子"によってできている。そして、この宇宙には四つの根源的力が存在するのだが、その根源的力の正体が"力の媒介粒子"なのだ』

雅直:『つまり、その物質粒子と力の媒介粒子の全てを統合すれば、宇宙の全てを統合したことになるのだな?』

朱田印:『まあ、そういうことだ。しかし、別に"意識粒子"というものまで想定する考え方もある。だが、そこまで話すとややこしくなるので、とりあえず考えんでもよい』

雅直:『意識粒子? 何だそれは』

朱田印:『だから、それは考えなくてもよい』

雅直:『いや。おれは考えたいぞ』

第4章 聖なる謎（前編）

朱田印：『……』

　雅直は頑固な性格をしている。

朱田印：『例えばだな、おぬしにもおれにも意識があるだろ』

雅直：『うむ』

朱田印：『その意識の存在する空間を"意識場"と呼ぶのだ』

雅直：『なるほど』

朱田印：『その意識場を量子化すると意識粒子になる』

雅直：『量子化？　何だそれは』

朱田印：『専門的に説明するとややこしくなるので簡単に言うが、ようするに、空間（場）を素粒子（量子）の集まりとして考えるということだ』

雅直：『なるほど。そういうことか』

朱田印：『しかしな。この意識粒子というのは仮説であって証明されたわけではない』

雅直：『そうか。しかしその仮説によると、我々の意識の正体が意識粒子ということになるわけだな』

朱田印：『そういうことだ。しかし、「物質粒子」や「力の媒介粒子」の全てが意識粒子であり、それらの粒子の相互作用によって意識が創発されるという仮説もある』

雅直：『ということは、すべての存在が意識を持っていることになるわけか？』

朱田印：『そうだ。その仮説が正しいとすればな』

雅直：『う〜む。それは、汎神論みたいなものだな…』

朱田印：『まぁ、そうとも言えるな』

雅直：『ところで朱田印、"四つの根源的力"とは何だ？』

朱田印：『四つの根源的力には、「重力」「電磁気力」「強い力」「弱い力」
　　　　があるのだ』

雅直：『そうか…。それでは重力とは何だ？』

朱田印：『例えば、リンゴが木から地面に落ちたりするだろ。
　　　　その作用は、重力によって生じるのだ』

雅直：『なるほど』

朱田印：『重力の生じる空間を"重力場"と言うのだが、その空間を
　　　　量子化すると、"重力子"と呼ばれる力の媒介粒子となる』

雅直：『なるほど、なるほど』

朱田印：『そして、すべての量子には粒子と波の二重性があるのだが、
　　　　重力子の波としての性質を"重力波"と言うのだ』

（粒子と波の二重性については第2章の第一話を参照）

雅直：『それでは、電磁気力とは何だ？』

朱田印：『例えば、雷が電磁気力を持っているし、筋肉の運動にも電
　　　　磁気力が関係しておるのだぞ』

雅直：『なるほど、筋肉は電磁気力で動いているのか…』

朱田印：『そしてだな、電磁気力の生じる空間を"電磁場"と言うの
　　　　だが、その空間を量子化すると、"光子"と呼ばれる力の媒
　　　　介粒子となるのだ』

雅直：『なるほど』

第4章 聖なる謎（前編）

　アインシュタインは、"光電効果の法則"によって電磁場の正体が光量子（後に光子と呼ばれるようになる）と呼ばれる量子であることを発見し、その業績によって1921年にノーベル物理学賞を受賞したのです（相対性理論の発見に対してではなかった）。つまりアインシュタインは、量子力学の発展にも多大な貢献をしていたのです。

朱田印：『そして、光子の波としての性質を"電磁波"というのだ』

雅直：『ん～。なるほど』

朱田印：『雅直。光の正体も電磁波なのだぞ』

雅直：『なに。光も電磁波なのか？』

朱田印：『そうだ。しかし、すべての電磁波が光（可視光線）というわけではない。ある特定の波長帯の電磁波が光として認識されるのだ』

雅直：『なるほど…』

朱田印：『電磁気力には、他にも重要な働きがある』

雅直：『どのような働きだ？』

朱田印：『すべての物質は原子によって出来ているのだが、その原子は、原子核と電子によって構成されている。そして、その原子核と電子を繋ぎとめているのが電磁気力なのだよ』
(次ページの図を参照)

雅直：『なるほど。それでは、地球と月を繋ぎとめているのが重力だな』
(次ページの図を参照)

朱田印：『雅直、よく分かっているではないか』

(a) 電磁気力　電子／光子／原子核

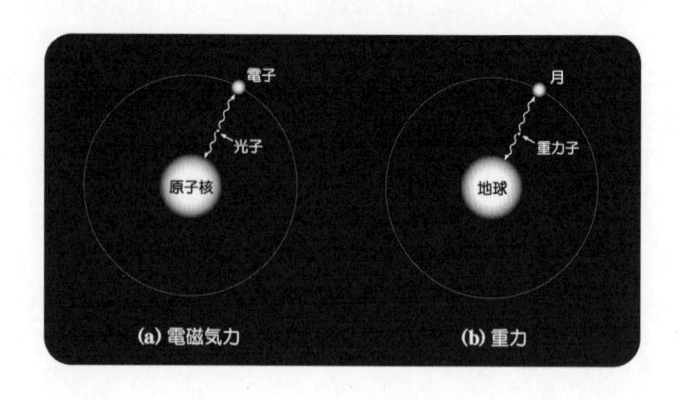

(b) 重力　月／重力子／地球

雅直：『電磁気力と重力については分かったが、強い力とは何だ？』

朱田印：『強い力の話をする前に、"**核力**"の話をすることにしよう』

雅直：『核力？　力は全部で四種類ではなかったのか？』

朱田印：『核力の元になっているのは、強い力なのだよ』

雅直：『そういうことか――。それで、核力とは何なんだ？』

朱田印：『核力とは、原子核の内部に働く力だ』

雅直：『つまり、原子核の中で働くから核力と言うのだな？』

朱田印：『まあ、そういうところだ』

雅直：『それで、どのように働くのだ？』

朱田印：『原子核は陽子と中性子で構成されているのだが、その陽子と中性子を繋ぎとめる働きをするのが核力だ』

◆ 湯川博士が発見した核力 ◆

　湯川秀樹博士は、原子核を構成する陽子と中性子を繋ぎとめる力の存在を研究しました。博士は、その力を生み出す素粒子（力の媒介粒子）の質量が陽子と電子の"中間"であることを予測し、中間子と名づけましたが、その後、中間子の存在が確認され、その業績によってノーベル物理学賞を1949年に受賞したのです。そして、"核力"はとても強いのですが、どのくらい強いかと言うと、原子爆弾や原子力発電に使用されるくらい強いのです。

◆─────────────────◆

雅直：『なるほど。それで"核力"と"強い力"は、どのように関係しておるのだ？』

朱田印：『核力の正体は中間子（パイ中間子）と呼ばれる力の媒介粒子だが、その中間子は2個のクオークで構成されている。そして、その2個のクオークを繋ぎとめているのが、強い力なのだ』

雅直：『なるほど。それで"核力"を作り出している力が"強い力"というわけか…』

朱田印：『そういうわけだ。そして、原子核を構成している陽子と中性子のことを"核子"というのだが、その核子は三つのクオークで構成されているのだ』

雅直：『なるほど。つまり、核子も強い力によって作られているのだな』

朱田印:『そうだ。そしてこの強い力はとにかく強くてな、クオーク を単独で取り出すことができないのだよ。そして、これを "クオークの閉じ込め"と言う』

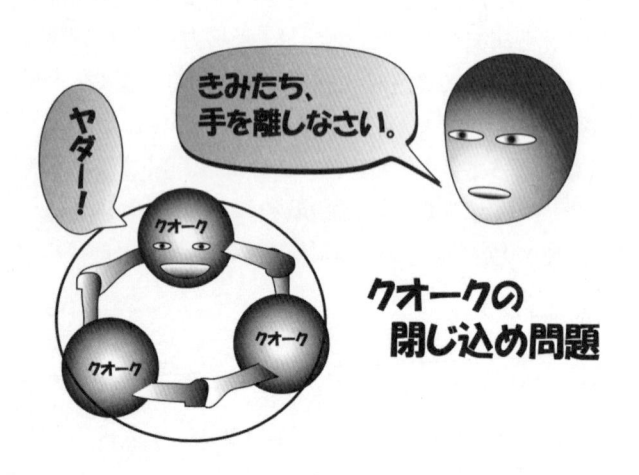

クオークの閉じ込め問題

(ヤダー! / きみたち、手を離しなさい。 / クオーク クオーク クオーク)

雅直:『う〜む。そういうものなのか』

朱田印:『強い力の正体はグルーオンと呼ばれる力の媒介粒子なのだ が、このグルーオンがクオーク同士を強く結び付けている のだ』

雅直:『なるほど。しかし、強い力とは、強いんだな …』

朱田印:『ところで、このクオークの発見にも対称性が重要な役わり を果たしているのだぞ』

雅直:『どのような役わりを果たしているのだ?』

朱田印:『それはな … 』

第4章 聖なる謎(前編)

◆ ―『クオークの発見』と『八道説』― ◆

　近代科学の発展に伴い、高性能の粒子加速器によって様々な粒子が発見されたのですが、陽子や中性子のような粒子が100種類以上も発見されたので、物理学者たちは考え込んでしまいました。はたして、自然界を構成している"素"粒子が、こんなにあっていいものであろうか？　いや、そんなはずはない。自然の本質は、もっとシンプルで美しいはずだ。となると、陽子や中性子などの多くの粒子は、もっと基本的な素粒子の組み合わせによって創造されているはずだ…。

　そこで、後に複雑系の研究で有名なサンタフェ研究所の中心的設立発起人の一人になるマレー・ゲルマン(1968年ノーベル物理学賞受賞)は、素粒子の八つ組みの対称性に注目することによりクオークの存在を予測したのです。彼は、その八つ組みの対称性の法則に『八道説』(Eight-fold way)と名付けたのですが、それは「仏教の悟りへの道」を意味しています。そして、例えば下の図にある八つ組み(八種類)の粒子は、三種類のクオークによって構成されています。

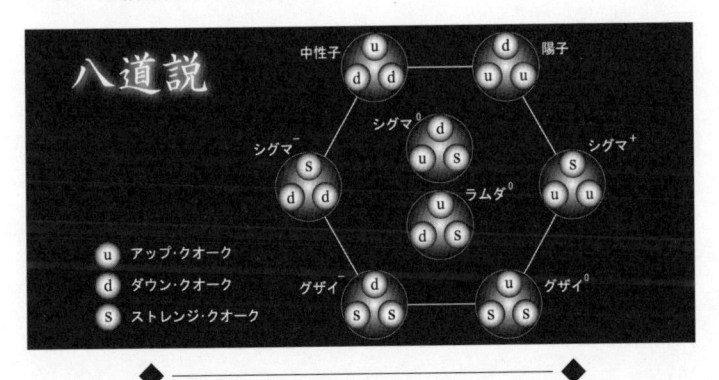

八道説

中性子 / 陽子 / シグマ⁻ / シグマ⁰ / シグマ⁺ / ラムダ⁰ / グザイ⁻ / グザイ⁰

u　アップ・クオーク
d　ダウン・クオーク
s　ストレンジ・クオーク

朱田印：『… というわけだ』

雅直：『なんだか難しくてよく分からないが、やはり対称性とは凄いもんなんだな』

朱田印：『まぁ、そういうことだ』

雅直：『それで、すべての物質粒子はクオークによって構成されているわけだな』

朱田印：『いや、クオーク以外に"レプトン"が存在する』

雅直：『レプトン？』

朱田印：『そうだ。例えば電子は1個のレプトンによって出来ている。それから、ニュートリノと呼ばれる素粒子も1個のレプトンによって出来ているのだ』

雅直：『なるほど。ということは、レプトンには"強い力"が働かないのだな？』

朱田印：『そういうことだ。クオークの場合は強い力によって閉じ込めが生じるが、レプトンには強い力が働かないから1個で存在することができるのだ』

雅直：『そうか…。ところで朱田印。最後に残った"弱い力"とは何なんだ？』

朱田印：『弱い力か…。弱い力の相互作用は、この世に対称性の破れを創発している本質だ』

雅直：『なに、対称性の破れ？』

朱田印：『そうだ。対称性が絶対の本質だと考えた場合、我々の存在する相対次元は、対称性の破れによって生じたことになる』

雅直：『つまり、弱い力に対称性の破れがなければ、おぬしもおれも存在しなかったわけだな …』

朱田印:『そういうことになるな——』

雅直:『それで、その対称性の破れは、どのようにして起こったのだ?』

朱田印:『その話をする前に、もう少し"対称性"の話の続きをする必要がある』

雅直:『そうか … 』

◆ ───── **対称性** (パートⅡ) ───── ◆

　円や球体などの時空の回転対称性については説明しましたが、時空の対称性には、回転に対するもの以外に『**座標系の移動**』に対するものがあります。

　例えば、物理法則には万有引力の法則やエネルギー保存の法則などがありますが、それらの法則は宇宙のあらゆる空間において普遍的に働くと思われています。つまり、A空間における物理法則と、それとは別のB空間における物理法則は同じように働くのですが、この場合、A空間とB空間は空間対称の関係にあると言えます。そして、A空間とB空間では同じ物理法則が働くので、A空間内部の物質をB空間に移動させても、その物質は変化しません。つまり、位置の移動に対する対称性が保たれているのです。これを日常的なレベルの喩えで説明すると、例えばAさんがアメリカへ行ってもフランスへ行っても別人に変身しないでAさんとしてのアイデンティティーを保っている場合、そこには空間移動に対する対称性（不変性・普遍性）があるといえます。

さらに、時空の対称性には「回転」と「座標系の移動」に対する対称性以外に、**『反転対称性』**もあります。反転対称性の特徴は、二回反転させると元の状態に戻るというものですが、反転には『時間反転』と『空間反転』の二種類があり、例えば通常の時間の流れを反転させると未来から過去に向けて時間が進みますが、それをもう一度反転させると元の時間の流れに戻ります。

　そして空間反転は**『鏡像変換』**とも呼ばれていますが、鏡像変換とは、「物体」と「その物体を鏡に映し出したときに生じる鏡像」との間に生じる変換であり、左右の反転を意味します。そして、鏡に映った姿は左右が反転していますが、その反転をもう一度繰り返すと元の状態に戻ります。

　自然界における鏡像対称性は、最も本質的な対称性であると見なされているのですが、この対称性を説明するのに映画フィルムの鏡像変換が利用されることがよくあります。例えば、自然現象を映画フィルムにとって、その映像の左右を反転させて映写したものと、左右を反転させないで映写したものとを見比べたときに、どちらの映像が左右を反転させたものであるかを言い当てることができるかどうかが重要なテーマになるのです。

　例えば、一度も見たことのない森の写真を見た場合、貴方はその写真の左右が逆になっているかどうかを判別することができますか？　もし、自然界に絶対的な鏡像対称性が存在するのであれば、自然法則は左右対称に働くので、物理学者にも正解を言い当てることはできません。時計や文字などの人工的に作られた被写体が写真のなかに含まれていれば左右の判別が可能な

場合がありますが、自然界に存在するものしか写っていない場合、おそらく判別は不可能でしょう。そして、この自然界における左右の対称性は本質的で絶対的なものであるという考えが、1940年代までの物理学者たちにとっての常識でした。しかし、この本質的で絶対的であると思われていた対称性が適用されない自然現象が発見されたのです。

◆───────────────◆

雅直：『なるほど。その鏡像対称性（左右の対称性）が破れたために、この宇宙が存在しているのか…』

朱田印：『そういうことだ。ところで雅直、そこにある鏡を覗いてみろ』

雅直：『この鏡がどうかしたのか？』

朱田印：『不思議だとは思わぬか？』

雅直：『何が不思議なのだ？』

朱田印：『鏡に映し出されたおぬしの姿の左右は反転しているが、上下は反転しておらぬだろ』

　雅直はしばらく沈黙して考えていたが、どうやら、その不思議さに気がついたようであった。

雅直：『おおおっ！　確かにその通りだ』

　雅直は、おどろいて目を大きく見開いている。

雅直：『何故だ？　何故、上下は反転しておらぬのだ？』

雅直：『これが、左右の対称性の破れというやつか？』

朱田印：『いや、そうではない。これは、左右の反転対称の例だ』

雅直：『そうか、よく分からんが、どうして左右だけ反転しておるのだ？』

朱田印：『よいか雅直、右手を横に伸ばしてみろ』

雅直：『こうか？』

朱田印：『そうだ。今、おぬしのその手は北側に伸びておる』

雅直：『うむ』

朱田印：『それでは、鏡に映ったその手はどちら側に伸びておる？』

雅直：『北側だ … 』

朱田印：『そうだ、同じ北側。上下と同じように、南北も反転しておらぬだろ』

雅直：『なるほど。確かにその通りだ』

朱田印：『つまりだ。上下や東西南北は、自分の体の外にあるものを基準にしているので、平らな鏡によって反転させることはできないのだ』

雅直：『なるほど』

朱田印：『ところが、左右の場合は自分の体を基準にしているので、相対的に変化する』

雅直：『う～む。そういうことか 。しかし、不思議なものだな……。ところで朱田印、自然界における対称性の破れとは具体的にいうとどういうものなのだ？』

朱田印：『それはだな … 』

第4章　聖なる謎（前編）

◆ ── P対称性の破れ ── ◆

鏡像対称性(左右の対称性)のことを『**パリティ**』と呼びますが、この左右の対称性が保たれることは『**パリティの保存則**』と呼びます。例えば、素粒子の持つ量子力学的な波動の山と谷の状態を図で表した場合、その図の左右を反転させたときに山と谷の位置に変化がなければ「パリティがプラス」、そして山と谷の位置が逆転すれば「パリティがマイナス」といいます。

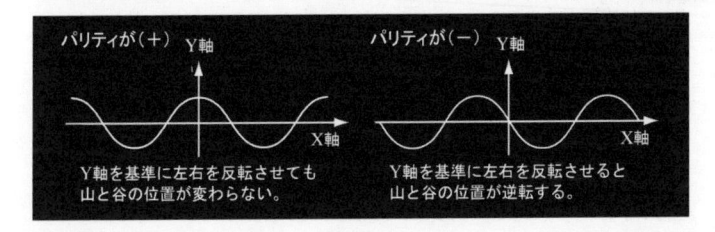

パリティが（＋）	パリティが（−）
Y軸を基準に左右を反転させても山と谷の位置が変わらない。	Y軸を基準に左右を反転させると山と谷の位置が逆転する。

素粒子には、「＋のパリティ」を持つものと「−のパリティ」を持つものが存在するのですが、例えば、「＋のパリティ」を持つ粒子が崩壊して三つの粒子に分かれた場合、その三つの粒子のパリティの積が＋であれば、パリティが保存されていることになります。(例：「＋1」＝「＋1」×「＋1」×「＋1」)

そして、粒子を崩壊させる作用を持つのが"弱い力"なのですが、その弱い力による崩壊作用にパリティの破れが確認されたのです。前にも説明したように、パリティの保存則は自然界における本質的な対称性であり、絶対的な法則だと信じられてきたのですが、1956年にこの常識が覆され、物理学の世界にかつてないほどの衝撃をもたらしました。

◆ ─────── ◆

朱田印：『…というわけだ』

雅直：『う〜む。そうか。そういうことだったのか』

朱田印：『そうだ。そういうことだったのだ』

雅直：『ところで朱田印、なぜ弱い力は弱い力と呼ばれるのだ？』

朱田印：『弱い力は強い力と比較して、とても弱いから弱い力と呼ばれるのだ』

雅直：『四つの力の中で一番弱いのか？』

朱田印：『いや、一番弱いのは重力だ』

雅直：『そうなのか…』

　と返事はしたが、何かを納得できないような面持ちであった。

雅直：『それでは何故、重力に"弱い力"と名づけなかったのだ？』

朱田印：『まあ、そんなことは、どうでも良いではないか』

雅直：『いや、良くはない』

　やはり雅直は頑固であった。

朱田印：『雅直。強い力と弱い力は、ある意味で1セットになっておるのだよ』

雅直：『1セット？』

朱田印：『両方とも、ミクロ次元に働く力なのだよ』

雅直：『なるほど。そういえば強い力というのは、クオーク間の短い距離に作用する力であったな』

朱田印：『そうだ、それに対して重力や電磁気力は、長距離にも作用する』

第4章 聖なる謎（前編）

雅直：『なるほど、そういうことであったか。ところで朱田印』

朱田印：『なんだ雅直』

雅直：『弱い力によって対称性の破れが生じるということは分かったのだが、どうしてその対称性の破れによってこの宇宙が存在できるのか？…ということがよく分からんのだよ』

朱田印：『そうか、そうだな…。
　　　　それを理解するためには反物質の存在を知る必要がある』

雅直：『反物質？　何だそれは』

朱田印：『よいか雅直。この世のすべてに対称性があるとしたならば、すべてのものにたいして対(つい)になる存在があるはずだ』

雅直：『うむ』

朱田印：『例えば左右対称の場合は、右と左が対になっている』

雅直：『なるほど』

朱田印：『そして、物質にたいして対になる存在が反物質というわけだ』

雅直：『なるほど。しかし、物質と反物質は、何が違うのだ？』

朱田印：『よいか雅直。この世のすべては陰と陽の対称関係で成り立っている』

雅直：『そういうものなのか…』

朱田印：『例えば、女と男の関係も、陰と陽で表すことができる。そして、物質と反物質の関係もだ』

雅直：『う〜む。よく分からんぞ』

朱田印:『よいか雅直。この世には"電荷"と呼ばれるものがある』

雅直:『うむ』

朱田印:『そして電荷には、陰（−）と陽（＋）が存在する』

雅直:『なるほど…』

朱田印:『そして、例えば陽子はプラスの電荷を持つから陽子と呼ばれるのだが、陽子の反粒子である反陽子は、マイナスの電荷を持っておるのだ』

（※ 中性子は中性の電荷を持つ（電荷を持たない）から中性子と呼ばれるのですが、電荷を持たない中性子の反粒子（反中性子）は、中性子と同じく電荷を持っていません。しかし、中性子や反中性子を構成する三つのクオークは電荷を持っており、反中性子を構成するクオークは、中性子を構成するクオークと反対の電荷を持っています。そして、それらのクオークは互いに電荷を相殺するので、中性子や反中性子全体としては電荷がゼロになるのです）

雅直:『なるほど。そして、反粒子が集まると反物質になるわけだな』

朱田印:『そういうことだ。物質は原子で構成されているが、反物質は反原子で構成されているのだよ』

雅直:『そういうことか…。しかし、電荷とは何なのだ？』

朱田印:『例えば、原子核はプラスの電荷を持っており、その原子核の周りに存在する電子はマイナスの電荷を持っておる。そして、プラスの電荷とマイナスの電荷は、電磁気力によって引き合うのだよ』

雅直:『なるほど。そういう作用があるのか』

朱田印:『そういうことだ』

雅直:『ところで、その反物質と宇宙の存在がどう関係しておるのだ？』

第4章 聖なる謎（前編）

朱田印：『物質は反物質と合わさると、対消滅するのだよ』

雅直：『消えてなくなるのか？』

朱田印：『そうだ。つまりだな、物質と反物質の間に完全な対称性があったとしたならば、物質と反物質の量が同じになり、この宇宙は対消滅してなくなってしまうのだよ』

雅直：『なるほど、そういうことか。反物質よりも物質の方が多かったので、物質で出来たこの宇宙が存在しているのだな』

朱田印：『そういうことだ。宇宙が創造されたときに、多くの粒子と反粒子が対生成されたのだが、双方の間に微妙な対称性の破れが生じたのだ。その対称性の破れは、反粒子が10億個に対して粒子が10億と1個の割合で存在するという僅かな違いであった』

雅直：『なるほど。対生成された粒子と反粒子がまったく同数であれば、すべては対消滅していたのか。しかし、微妙な対称性の破れがあったので、粒子と反粒子が対消滅した後に粒子が残り、物質で出来た宇宙が出来上がったということか…』

朱田印は、ゆっくりとうなずいた。そして雅直は、しばらく感動に酔いしれているようであったが、何かを納得できないような面持ちで朱田印に質問をした。

雅直：『ところで朱田印。その対称性の破れと、先ほどのパリティの破れはどう関係しておるのだ？』

朱田印：『それはだな…』

◆ ── **CP対称性の破れ** ── ◆

パリティ (Parity) の対称性のことをP対称性と言いますが、粒子と反粒子の対称性は電荷 (Charge) の対称性なので、C対称性と言います。そして、始めに発見されたのはP対称性の破れですが、その後、P対称性にC対称性を加えてCP対称性にすれば、全体としての対称性が保たれると考えられたのです。

つまり、P対称性の破れというのは鏡像反転をしたときに対称性が破れることを言うのですが、その破れた対称性に電荷反転を加えれば、破れた対称性が修復されると考えられたのです。これを喩えで表現するならば、180度回転させたものを更に180度回転させれば合計で360度回転したことになり、元の正常な状態に戻るということです。

しかし、弱い力の作用によってCP対称性も破れていることが1964年に確認され、物理学界はまたしてもパニック状態と化したのでした。CP対称性の破れは、対称性を崇める物理学界に衝撃を与えたのですが、このCP対称性の僅かな破れによって宇宙は存在しているのです。

そしてこのように、初期値の微妙な変化が大きな影響を及ぼすことを"カオス"というのです。(第1章を参照)

◆ ─────────────── ◆

第4章 聖なる謎（前編）

弱い力の相互作用が
CP対称性の破れを創発し、
その対称性の破れによって
複雑系宇宙が創発されている …。

朱田印：『… ということだ』

雅直：『なるほど。そういうことであったのか ── 』

素粒子物理学の権威、南部陽一郎教授は、『クオーク(第2版)』(講談社)のなかで、「神の手抜き?」と題し、パリティの破れについて次のようなコメントを書いています。

　神が宇宙の設計をしたとき、重力、電磁力、強い力などの構成については公式に従って正確に図面をひいた。しかし弱い力に来たとき計算ちがいをしたのか、物指しを読みちがえたのか、図面のところどころにくいちがいが生じてしまった。直線は垂直に交わらず、四辺形はうまく閉じない。そして弱い力の骨組みが他の力の枠に対して少し傾いている。けれども遠くから見たのではあまり目立たないので、神はそれをそのまま使って宇宙を建ててしまった。しかし、科学者は万能の神がこんないい加減なことをするはずはないとの信念にたって、あらゆる現象の説明を求めようとする。骨組みが傾いているのは不注意の失敗ではなく、然るべき理由があるからではなかろうか、と。

　雅直は滑稽なほどに、いつまでも、いつまでも、感動してうなずいていた。

聖なる謎(前編)　完

雅直:『ところで朱田印、そろそろひもの話をしてくれぬか…』

朱田印:『そうであったな… ひもの話をすることにするか』
　　　『このひもの理論は"超ひも理論"と呼ばれており、統合理論の最高峰に位置するものなのだ。したがって、先ずは、そこに辿り着くまでの道筋を明らかにする必要がある』

雅直:『なるほど…』

◆ ─── 『超ひも理論』への系譜 ─── ◆

(p.117 の図を参照)

　1864 年にジェイムズ・マクスウェルは、電気と磁気を統一した理論である『古典電磁気学』を完成させました。そして 1905 年、アインシュタインは古典電磁気学のマクスウェル方程式からヒントを得て、時間と空間を統合させる『特殊相対性理論』を完成させ、それから 10 年後の 1915 年には、『一般相対性理論』によって時間、空間、重力の三つを統合させました。さらに彼は、人生の後半をかけて重力と電磁気力を統合する『統一場理論』の完成を目指したのですが、その夢を果たすことはできませんでした。

雅直:『そうなのか。しかし何故、アインシュタインによる重力と電磁気力の統合は失敗したのだ?』

朱田印:『統合の順番を間違えたのだよ』

雅直:『順番を間違えた?』

朱田印:『電磁気力に最も近くて統合しやすい存在は、重力ではなく、弱い力であったのだ』

雅直:『そうなのか…』

朱田印:『創成直後の宇宙には、超大統一力と呼ばれる力が存在したのだが、その超大統一力から、重力が最初に分かれたのだ。そして次に、強い力が分かれた。そして最後に弱い力と電磁気力に分かれたのだ』（下図参照）

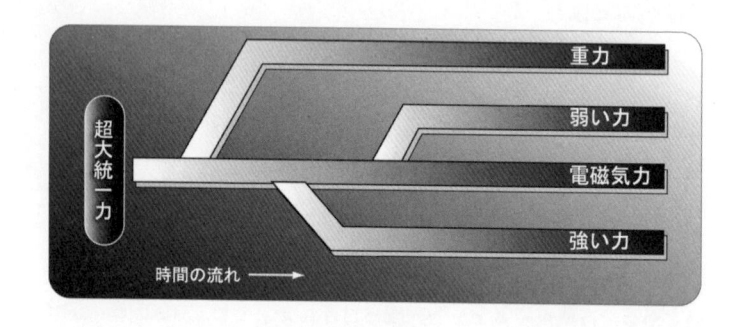

雅直:『なるほど。それで弱い力と電磁気力が近い関係にあり、統合しやすいということか』

朱田印:『そういうことだ。そして、**弱い力** と **電磁気力** は 1960 年代の後半に統合され、**電弱力** と呼ばれるようになった』

雅直:『つまり、弱い力と電磁気力との間に対称性が発見されたわけだな』

朱田印:『うむ。そういうことだ』

雅直:『しかし、それは、どのような対称性なのだ？』

第4章 聖なる謎（後編）

朱田印：『弱い力と電磁気力の間に対称性を見出すということは、弱い力の正体である力の媒介粒子（ウィーク・ボソン）と、電磁気力の正体である力の媒介粒子（光子）との間に対称性を見出すということだ』

雅直：『つまり、弱い力を生じさせている力の媒介粒子（ウィーク・ボソン）と、電磁気力を生じさせている力の媒介粒子（光子）が、実は同じものであったということか？』

朱田印：『うむ。そういうことだ』
　　　　『光子とウィーク・ボソンの間にある大きな違いは、光子の質量がゼロであるのに対して、ウィーク・ボソンには陽子の約100倍もの質量があるということだが、その違いを生じさせている原因が分かったのだよ』

雅直：『なるほど。それで、その原因は何なのだ？』

朱田印：『統一理論からは、**ヒッグズ粒子**と呼ばれる素粒子の存在が創発的に導き出されるのだが、そのヒッグス粒子が光子に質量を与えていたのだよ』

雅直：『なるほど。つまりウィーク・ボソンの正体は、ヒッグス粒子の影響によって質量を持つようになった光子というわけか』

朱田印：『そういうことだ』

雅直：『ところで、超大統一力が四つの力に分かれた順番から言うと、次は、**電弱力**と**強い力**を統合するわけだな？』

朱田印：『うむ。電弱力と強い力を統合する理論は、ほぼ完成の状態にまで来ている。そして、この理論にも、ヒッグス粒子が関係しておるのだ』

155

雅直：『そうか…。そして次は、いよいよ、**重力**を含む全ての力が統一されるわけだな』

朱田印：『そうだ。しかし、最後に残った重力を統合するのが一番難しいのだよ』

雅直：『何故なんだ？』

朱田印：『無限大が邪魔をするのだよ…』

雅直：『無限大が邪魔を…？』

◆ ── 無限大の壁 ── ◆

　物理学の世界における二大理論は『量子力学』と『相対性理論』ですが、四つの根源的力のうちの三つの力(電磁気力、強い力、弱い力)に関しては、量子論的視点と相対論的視点の両方を包含する視点から記述することに成功しています。したがって、三つの力を統合する大統一理論の中にも、量子力学と相対性理論の両方が包含されています。

　大統一理論に包含されている相対論的視点は特殊相対性理論なのですが、この大統一理論に重力も取り入れて超大統一理論を完成させるには、重力理論である一般相対性理論までも取り入れる必要があります。しかし、量子力学と一般相対性理論を統合しようとすると、『**発散**』と呼ばれる無限大の数値が理論の中に現れてしまうのです。

　この無限大の数値は、第2章(第三話)に出てきた"現実的無限"のことであり、相対次元には存在するはずのないものであるた

め、理論を矛盾のないものにするには、この発散と呼ばれる無限大を取り除く必要があります。しかし、それはとても困難であり、重力の統合は容易ではないのです。

朱田印：『発散と呼ばれる無限大は、量子力学と一般相対性理論を統合しようとしたときに現れたのだが、実はその前に、量子力学と特殊相対性理論を統合しようとしたときにも現れたのだ。しかし、そちらの方の発散は、朝永法師（朝永振一郎）らの方術によって葬り去られた』

雅直：『なるほど。そうだったのか』

　例えば、電磁気力の作用を記述する古典電磁気学では、相対論的現象を記述することは出来ても、量子論的現象を記述することは出来ませんでした。そこで、電磁気力の作用を量子力学的にも記述できるようにするため、古典電磁気学と量子力学を統合させた量子電磁力学が必要になったのです。しかしそのとき、発散と呼ばれる無限大の数値が現れたのです。そして、朝永振一郎博士は、その発散を繰り込み理論によって取り除き、1965年、同じく量子電磁力学の完成に貢献したファインマンやシュウィンガーと共に、ノーベル物理学賞を受賞しました。

雅直：『そうか。そしてその朝永法師の方術は、重力には通用しなかったのか？』

朱田印：『朝永法師の用いた方術は、"繰り込み理論"と呼ばれるものなのだが、その方術は、特殊相対性理論と量子力学を統合させるときに現れた発散を祓うことには成功したのだが、一般相対性理論（重力理論）と量子力学を統合させるときに現れる発散に対しては無力であった』

雅直:『なるほど。それでは、強い力や弱い力の場合はどうなのだ?』

朱田印『強い力を量子力学的に記述する理論体系を量子色力学といい、弱い力を量子力学的に記述する理論体系を量子香力学というのだが、両方とも完成させることができた』

雅直:『なるほど。それでは、やはり問題は重力だけということか』

朱田印:『そういうことだ。重力(一般相対性理論)を量子力学的にも記述するには、**量子重力理論**を完成させる必要があるのだが、それが最も難しいのだ』

雅直:『なるほど。それでは、超ひも理論ではどうなのだ?』

朱田印:『うむ。超ひも理論を用いれば、発散という現象自体が生じない。だから、繰り込み理論も必要としないのだ』

雅直:『ということは、重力をも統合できるのだな?』

朱田印:『そういうことだ。超ひも理論は万物の理論とも言われ、あらゆる理論を統合する理論であり、量子重力理論も包含している』

雅直:『おおっ。超ひも理論とは、もの凄い理論なのだな!』

朱田印は、笑みを浮かべながらゆっくりとうなずいた。

朱田印:『雅直。超ひも理論には、もっと驚くべき秘密が隠されておるのだぞ』

雅直:『 … 』

朱田印:『超ひも理論は、四つの根源的力だけではなく、物質までも統合してしまうのだ』

雅直:『なに、物質までも統合してしまうのか！ しかし、どうやって力と物質を統合するのだ？』

朱田印:『雅直。超ひも理論の"超"は、**超対称性**を意味しておるのだが、その超対称性によって力と物質を統合するのだ』

雅直:『超対称性…？』

◆ ── 超対称性 ── ◆

朱田印:『超対称性とは"物質"と"力"との間にある対称性であり、その超対称性によると、すべての素粒子には"物質粒子"と"力の媒介粒子"の対が存在することになる』

(※ 厳密に言うと、超対称性は、フェルミ粒子とボーズ粒子との間にある対称性ですが、ほとんどの物質粒子はフェルミ粒子であり、全ての力の媒介粒子はボーズ粒子です)

『例えば、物質粒子である電子と対になって存在する力の媒介粒子は"超電子"と呼ばれる超対称性粒子で、力の媒介粒子である光子(フォトン)と対になる物質粒子は"フォティーノ"と呼ばれる超対称性粒子だ』

雅直:『なるほど。物質粒子と力の媒介粒子との対が必ず存在するのか…』

朱田印:『超ひも理論によると、全ての素粒子は"超ひも"と呼ばれる極微なひもによって出来ていることになるのだが、振動の仕方によって、力の媒介粒子になったり物質粒子になったりするのだ。つまり、超対称変換を行うと、ひもの振動が変化し、物質粒子は力の媒介粒子に変身し、力の媒介粒子は物質粒子に変身するのだ』

雅直：『なるほど。それは凄いではないか！』
　　　『つまり、物質と力は別のものではなく、同じものの違った側面であるということだな』

朱田印：『そういうことだ。しかし超対称性粒子は、今から千年後の未来においても、まだ発見されておらんのだよ』

雅直：『何故だ？　何故、発見されておらんのだ』

朱田印：『超対称性粒子は、宇宙創成の初期においては存在していたのだが、消えてしまったのだよ』

雅直：『消えた？　なぜ消えてしまったのだ』

朱田印：『それを理解するには、まず、"質量"と"エネルギー"の間にある対称性を理解する必要があるぞ』

雅直：『質量 と エネルギー の間にある対称性？』

朱田印：『うむ …。特殊相対性理論によると、"エネルギー量"は"質量に光速度定数の二乗を掛けた量"と同じになるのだよ』

$$E = mc^2$$
エネルギー　　　質量　光速度定数の二乗

雅直：『ということは、ここにある湯呑の質量もエネルギーに化けるということか？』

朱田印：『そういうことだ。そして光速度定数は変化しないから、質量が二倍になれば、エネルギーも二倍になるのだ』

雅直:『なるほど…』

朱田印:『この法則は、原子爆弾と呼ばれる強力な爆弾にも使用されることになる』

雅直:『原子爆弾か…』

朱田印:『そうだ。原子爆弾とは、原子の持つ質量をエネルギーに変換させて大爆発を起こさせるものなのだ』

雅直:『何だか、恐ろしいものだな。未来には、そんなものが使用されるようになるのか?』

朱田印:『そうだ。戦争に使われるようになる』

雅直:『朱田印。なんとか、その未来を変えることは出来ぬのか…』

朱田印:『おれが既に経験した未来を変えることは不可能だが、これから我らが行く未来は、それとは違う平行宇宙だから変えることは可能だ』

雅直:『そうか。なんだかよく分からんが、安心したぞ』

朱田印:『そうか…』

雅直:『うむ。おれたちのいる宇宙の未来は、きっと平和になるに違いない。おれは、そう信じてるぞ』

朱田印:『そうか、おまえらしいな』

と、朱田印は笑みを浮かべながら呟いた。

雅直:『ところで、質量とエネルギーの関係が、どう超対称性粒子と関係しておるのだ?』

朱田印：『超対称性粒子は、あまりにも重い質量を持っているので、今の宇宙には存在できないのだよ』

雅直：『どういう意味だ？　よく分からないぞ』

朱田印：『よいか雅直。質量とエネルギーが等価だということは、質量の大きな粒子を作り出すには、それだけ大きなエネルギーが必要になるということだ』

雅直：『なるほど…』

朱田印：『そして、創成直後の宇宙はミクロサイズに圧縮されたような状態だったので、エネルギー密度が高かった。だから、質量の大きな超対称性粒子を作り出すことも出来たのだ』

雅直：『う～む。なるほど』

朱田印：『宇宙は時間の経過とともに膨張していき、エネルギー密度も低下していった。そして、質量の重い超対称性粒子を作り出すほどのエネルギーが無くなってしまったのだよ』

雅直：『そうか、そういうことだったのか』

朱田印：『超対称性粒子を人工的に作り出すには、粒子加速装置によって巨大なエネルギーを生じさせる必要があるのだが、よほど大きな粒子加速装置でなければ無理なんだ』

雅直：『そうか。それで超対称性粒子は発見されていないのだな』

朱田印：『そういうことだ。ところで雅直。物質と反物質が合わさると対消滅するという話を前にしたが、そのとき、物質と反物質の質量はどうなると思う？』

雅直：『エネルギーに変換されるのか？』

朱田印：『そうだ』

雅直：『ということは、**反物質爆弾**というのも作れるのか？』

朱田印：『うむ。原理的には可能だ』

　例えば、原子力発電の場合はウランの質量をエネルギーに変換させているのですが、ウランの核分裂では1000分の1の効率で質量がエネルギーに変換されます。そして、この効率は通常の物質を燃やしたときに得られる効率の1000万倍も大きいのです。しかし、物質と反物質が対消滅するときに得られる変換効率は100パーセントなので、原子力発電よりも遥かに効率が良いのです。そしてこの原理を利用すれば、原子爆弾を遥かに上回る破壊力を持った『反物質爆弾』も製造可能だと言われていますが、この原理は、宇宙ロケットの推進力にも応用可能であり、アメリカなどで研究が進められています。

雅直：『なるほど…』

朱田印：『ところで今度は、宇宙創成の時に現れる無限大について話をすることにするか』

雅直：『なに、宇宙創成の瞬間にも、現実的無限が現れたのか？』

朱田印：『そうだ…』

◆ ── 宇宙創成の瞬間 ── ◆

朱田印：『はじめの頃、宇宙は点から始まったと思われていたんだ』

雅直：『つまり、大きさが無かったということだな…』

朱田印：『そうだ。しかし、それでは問題が生じるのだよ』

雅直：『現実的無限が現れるのか？』

朱田印：『そうだ。点というのは無限小だが、宇宙空間が無限小の点になった場合、宇宙の全エネルギーがその無限小に圧縮され、エネルギー密度は逆に無限大になってしまう』

雅直：『なるほど。だから、発散の時と同じように"現実的無限"が現れてしまうのだな』

朱田印：『そういうことだ。そして、宇宙の始まりを物理学的に記述することも不可能になる』

　それでは、宇宙の始まりは、どのように説明すればよいのだろうか？　『光よあれ！』と神が叫ぶと、そこに宇宙が誕生した——という説があるのですが、これを『最初の神の一撃』といいます。つまり、物理学的に宇宙の始まりを記述することが不可能であったため、その答を神話に求めたのです。

雅直：『ならば、その無限大という魔物を取り除く必要があるわけだな』

朱田印：『うむ。その無限大という性質を持つ点は**特異点**と呼ばれるのだが、その特異点は、スティーブン・ホーキング法師の方術によって取り除かれたのだ』

第4章 聖なる謎（後編）

雅直：『そうか、矛盾を無くすことに成功したのか…。
　　　しかし、どのようにして、その魔物を祓ったのだ？』

朱田印：『無境界仮説と呼ばれる方術を用いたのだが、その方術によると、宇宙の始まりは点ではなく、プランク長の大きさになるのだよ』

雅直：『なるほど。宇宙の大きさが点でなくなれば、エネルギー密度も無限大になることはなくなるわけだ…』

朱田印：『そういうことだ。そして、超ひも理論が発散と呼ばれる無限大を追い払うことが出来たのも、超ひもがプランク長の長さを持っているからなのだよ』

雅直：『なるほど。ということは、超ひもが登場する前は、素粒子は大きさのない点だと思われていたのか？』

朱田印：『そうだ。素粒子の"素"は、それ以上小さな存在に分解することが出来ないことを意味するのだが、大きさを持っていたら、分解できることになってしまう。したがって、素粒子は大きさのない点だと思われていたのだ』

雅直：『なるほど。しかし超ひもの場合はどうなのだ？　超ひもは、大きさを持っているではないか』

朱田印：『雅直。超ひもの大きさはプランク長だ。そしてプランク長とは、それ以上分割できない大きさだ』

雅直：『そうか、そうであったな…』
　　　『ところで朱田印、前にプランク時間の話を聞いたが、プランク時間とプランク長があるならば、**プランク質量**というのもあるのではないか？』

165

朱田印：『うむ。良いところに気がついたな。たしかに、プランク質量も存在する』

雅直：『そうか、やはりあったか。それでプランク質量とは、それ以上小さな質量は存在しないというものだな？』

朱田印：『いや、違う。プランク質量よりも軽い素粒子は、たくさん存在する』

雅直：『なに…。それでは、プランク質量とはいったい何なのだ？』

朱田印：『プランク質量には様々な意味があるのだが、例えば創成直後のプランク長の宇宙は、プランク質量のエネルギーを持っていたのだ』

雅直：『宇宙がプランク質量のエネルギーを持っていた？』

朱田印：『そうだ』

雅直：『よく分からんぞ。説明してくれ』

朱田印：『さっき、超対称性粒子の「質量とエネルギーの関係」について説明したのを覚えておるだろ』

雅直：『うむ。宇宙が小さかった頃は、エネルギー密度が高かったので、超対称性粒子のような質量の大きい素粒子も存在できたという話であったな』

朱田印：『そうだ。そしてプランク質量は超対称性粒子の質量よりも更に大きく、仮にプランク質量の素粒子が存在していたとしても、宇宙の大きさをプランク長まで圧縮したときと同じくらいのエネルギー密度がなければ、その素粒子を作り出すことはできないのだよ』

雅直：『なるほど』

第4章 聖なる謎（後編）

創成直後の宇宙温度を『プランク温度』と言いますが、このプランク温度をエネルギー値で表したものを『プランク・エネルギー』と言います。そして、このプランク・エネルギーを質量に換算すると『プランク質量』になるのです。

プランク質量 = 0.000000021767kg

プランク質量は、陽子や電子などの質量と比べて比較にならないほど重く、陽子の質量の約 10000000000000000000 倍、そして電子の質量の約 10000000000000000000000 倍 です。

雅直：『ということは、プランク質量を持つ素粒子が仮に存在していたとしても、粒子加速装置のエネルギーでは、その素粒子を作り出すことは不可能に近いわけだな』

朱田印：『そういうことだ』

雅直：『ところで朱田印。この宇宙は、何が原因で生まれたのだ？』

朱田印：『**量子的ゆらぎ** が原因だ』

雅直：『量子的ゆらぎ？』

朱田印：『この宇宙には **不確定性原理** というものが働いており、その不確定性原理が量子的ゆらぎを生じさせているのだ』

雅直：『朱田印。分かるように説明してくれ』

朱田印：『つまりだ、その量子的ゆらぎとは自由意志のようなものであり、その自由意志が宇宙を誕生させたということだ』

雅直：『う〜む。よく分からんが、自由意志が宇宙を誕生させたのか…』

朱田印：『自由意志は、決定論的因果律を超えているので、原因のないところに結果を生じさせることができる。したがって、無から有を生じさせることもできるのだ』

雅直：『……』

朱田印：『そして量子的ゆらぎとは、存在と非存在との間のゆらぎでもあるのだ』

雅直：『う〜む。つまり、色即是空、空即是色というわけだな……。そして、量子的ゆらぎが、存在の方にゆらいだときに宇宙が誕生したということか』

朱田印：『そういうことだ』

雅直：『ところで朱田印、ホーキング法師が無境界仮説によって宇宙誕生の瞬間から無限大の数値を取り除いたということは分かったが、この世には、本当に無限大とか絶対とかいうものは存在しないのだろうか？　そういった物理法則を超えたものがあっても、おれは良いように思うのだよ』

朱田印：『雅直。おぬし、まだ絶対の神を信じたいのだな？』

雅直：『やはりだな、おれは絶対というものに憧れるのだよ』

朱田印：『よいか雅直、絶対が存在すると言った場合、絶対は呪(しゅ)にかかってしまったことになる』

雅直：『どういう意味だ？』

朱田印：『言葉によって捉えられてしまったということだ』

第4章 聖なる謎(後編)

雅直:『?』

朱田印:『雅直。絶対を言葉によって捉える(表現する)ことは出来ないのだ。だから、存在するともしないとも言えないのだ』

雅直:『なるほど』

朱田印:『例えばだな、ニュートンという男は、絶対時間と絶対空間というものを考え出した。しかしだな、相対性理論によって、その間違いが証明された。つまり、時間と空間は分離不可能であり、一つの時空間として存在するのだ』

雅直:『分離不可能か…』

朱田印:『そうだ、相対世界は分離不可能なのだよ。しかし、絶対の場合は、それだけで存在できるということだから、逆に分離可能になってしまい、要素還元主義が生じてしまう。だが、本当の宇宙はすべてが分離不可能であり、一つに繋がっているのだよ』

雅直:『なるほど、神も我々と一つに繋がっているのだな』

朱田印:『そうだ。神が相対的存在であるならば、我々から分離して存在することはできない。一つに繋がっており、一体として存在しているのだ』

雅直:『うむ、こんどこそ分かったような気がするぞ。神が絶対であるとは言えないのだな』

　雅直は、ひどく感動して涙を流していた。

朱田印:『雅直。今宵は最後に、究極の時空対称性について話をしておくことにしよう』

雅直:『究極の時空対称性…?』

朱田印:『そうだ。その究極の時空対称性は、"聖なる謎"とも呼ばれておる』

雅直:『聖なる謎、か…』

◆─────『 聖なる謎 』─────◆

朱田印:『雅直。反転対称性を覚えておるか?』

雅直:『うむ。二回、反転対称変換を行うと元に戻るというやつだな』

朱田印:『そうだ。例えば「ブラックホール」と「ホワイトホール」も反転対称の関係にあるが、反転対称には時間反転や空間反転、そして電荷の反転などがある』

雅直:『なるほど。例えば、粒子と反粒子の関係は、電荷を反転させた関係にあるわけだな』

朱田印:『そうだ、そういうことだ。しかしな、粒子と反粒子は、時間反転の関係でもあるのだ』

雅直:『つまり、時間の流れを反転させると、粒子が反粒子になるということか?』

朱田印:『その通りだ…』

雅直:『しかし、そんなことが実際に可能なのか?』

第4章 聖なる謎（後編）

　これは、天才ノーベル賞物理学者リチャード・ファインマンによって初めて明らかにされた驚くべき自然法則なのですが、反粒子は、時間を逆行しているのです。

　つまり理論上、通常の粒子に時間反転を加えると電荷も反転するのですが、そのことから、反粒子は時間を過去に遡る粒子であると考えられるのです。そしてこのように考えると、様々な謎が解け、粒子と反粒子の対生成や対消滅を説明するのにも役に立ちます。（下図参照）

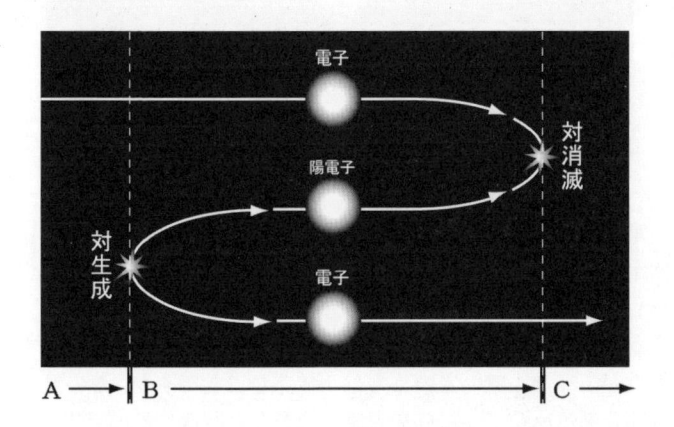

　上の図では、時間の流れは左から右に流れています。つまり、一番最初の状態（A区間）では、電子が1個だけ存在していますが、すこし時間が経過すると、違う場所で対生成が生じ、電子と陽電子が対生成されます。つまりその時点では、電子が2個と陽電子が1個の合計3個になるのです（B区間）。しかし、やがて対消滅が生じ、電子が1個の状態にもどります（C区間）。

　そこで、上記の現象に時間を逆行する電子（陽電子）の存在を考慮に入れると、次のページの図にあるようなシンプルな現象

が見えてきます。つまり、複数存在するように見えた粒子は、実は1個の粒子が時間の順行と逆行を繰り返すことによって現れていたのです。

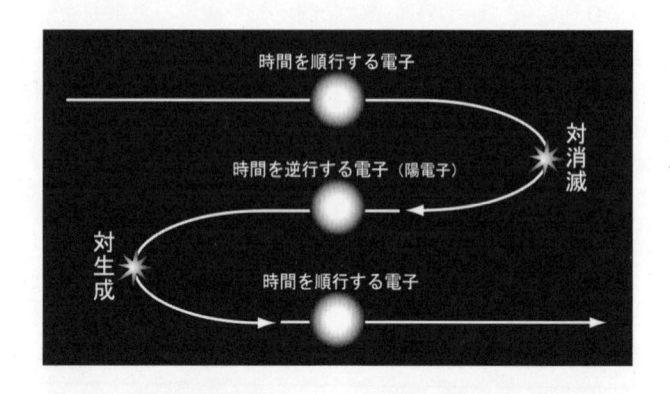

電子と陽電子は電荷以外の性質がまったく同じですが、電子同士や陽電子同士の場合は電荷も同じなので、個性がまったくありません。ですから、ある電子が他の電子の中に混ざってしまうと、その電子を見分けて取り出すことは不可能になります。個性がまったく無いというのは不思議なことですが、この謎は、時間を遡る反粒子の存在を考慮に入れれば解決するのです。

つまり、宇宙にはたった1個の電子しか存在しておらず、その1個の電子が時間の順行と逆行を繰り返しながら様々な場所に出現していると考えればよいのです。そして、粒子が時間を逆行することによって反粒子になるという説は、量子力学のあらゆる法則に矛盾していないことを、ファインマンは証明して見せたのです。

雅直:『そうなのか…、驚いたぞ』

　雅直は、感心して目を大きく見開いている。

雅直:『ところで朱田印。おぬし、すべての素粒子の正体は"超ひも"だと言ったな』

朱田印:『そうだ。すべての素粒子はひもで出来ておる』

雅直:『ということはだな、電子だけではなく、すべての素粒子は、正にたった一本のひもで出来ているのではないのか？』

朱田印:『雅直、良いことに気がついたな。そういうことだ、つまり、たった"一本"の超ひもが、様々な種類の素粒子に変化しながら、時間の順行と逆行を繰り返しているのだよ。だから、複数の素粒子が存在しているように見えるのだ』

雅直:『驚いたな。この宇宙は、たった1本のひもで出来ているのか』

　朱田印は、ゆっくりと頷いた。

雅直:『ということはだな、全宇宙と一本のひもは同じものということになるな？』

朱田印:『うむ』

雅直:『ということは、宇宙全体と一本のひもとの間にも対称性があるということだ！』

朱田印:『そうだ。それが、極大と極小の反転対称性だ』

雅直:『なるほど。これが、おぬしの言っていた究極の反転対称性のことか！』

朱田印:『そういうことだ。しかしな、これは仮説であって、証明されたわけではない』

雅直:『仮説か…。しかし、俺にはその話が真実であるように思えるぞ』

朱田印:『そうか。おれも真実だと思っておるぞ』

雅直:『うむ』

　雅直は、嬉しそうに頷いた。

朱田印:『雅直。部分の中に全体の情報が含まれていることを主張する **ホログラフィー理論** というものがあるのだが、それは、一本のひもという極小の存在の中に宇宙全体の情報が内在されていることも意味するのだよ』

雅直:『なんだか、壮大な話だな…』

朱田印:『そうだな、壮大な話だな』

　雅直は、突然なにかに気がついたような表情をして、朱田印に質問をした。

雅直:『なぁ朱田印。宇宙が"絶対"から生じたと仮定した場合、宇宙創成直後には完全な対称性があったことになるな？　つまり、対称性の破れが生じる直前には、完全な対称性があったのだろ？』

朱田印:『そういうことになるな』

雅直:『ならばだな、最初に一本の"超ひも"が創造されたときに、もう一本の"反超ひも"が対生成されたのではないのか？』

朱田印:『なるほど——。雅直、おぬしは凄いことを発見したな』

第4章 聖なる謎（後編）

　対生成された片方の"超ひも"をアダム、そしてもう片方の"反超ひも"をイブと名づけることにしよう。そしてその二人、いや、二本の超ひもは「対称性の破れ」によって子供を産み、宇宙を維持させているのです。

　しかし、やがてこの宇宙は収縮によって消滅する可能性があると言われています。そして、消滅した宇宙は量子的ゆらぎを経て、新たな宇宙として生まれ変わることが、超ひも理論のT双対性によって予言されているのです。つまり、宇宙は膨張と収縮を繰り返すことによって輪廻転生を続けているのです。

雅直：『朱田印。きょうは、本当に良い話を聞けたぞ』

朱田印：『雅直、まだ話は終わっておらんぞ』

雅直：『まだ、続きがあるのか？』

朱田印：『うむ。雅直、意識粒子の話を覚えておるか？』

雅直：『覚えておるぞ、われらの意識の正体のことだろ』

朱田印『そうだ、そしてすべての素粒子の正体が"超ひも"であるならば、意識粒子も超ひもで出来ていることになる』

雅直：『なるほど…』

朱田印：『つまりだ、宇宙全体と我々の意識も反転対称の関係にあり、意識の中に全宇宙が存在するとも解釈できるのだよ』

たった一本の"超ひも"の中に宇宙の全てが包含されている…そして、宇宙全体は我々の意識の中に存在している。

　つまり、我々はイマジネーションによって宇宙全体を飲み込むことができるが、それは単なるイメージの世界の出来事ではなく、量子力学における『観測問題』にあるように、我々の意識が実際に宇宙をクリエートしているということなのであろう……。

Imagination encircles the world.

Albert Einstein

想像力は、世界を包み込む。

アルバート・アインシュタイン

雅直は朱田印の話に感動し、言葉も出ないようであった。

朱田印：『雅直。おぬし泣いておるのか？』

雅直：『おれはな、感動すると直ぐに涙が出てくるのだよ』

朱田印：『そうか、そういうものか…』

◆ ── 完全美 と 完成美 ── ◆

ところで、"完全"とは、全てを包含するという意味を持ち、"完成"とは、欠点などを排除するという意味を持ちますが、東洋では長所も欠点も全てを調和的に包み込む**『完全美』**を好むのに対して、西洋では欠点を排除する**『完成美』**を追求すると言われています。言い換えると、東洋では対称性と非対称性の両方を芸術に生かしているのに対して、西洋では絶対を象徴する対称性の美のみを追求する傾向があるということです。

この東洋と西洋の傾向の違いは、庭のデザイン、そして建築物の配置や構造などに現れていると言われています。東洋的美の代表的な例としては日光の東照宮陽明門がありますが、この門の一本の柱の中に一箇所だけ、上下が逆になった浮き彫りがなされているそうです。そしてその理由として、『全てが完全な対称性を保っていると神々がねたむから、わざと非対称性を取り入れたのだ』という説があります。しかし、それとは逆に『非対称性も取り入れることによって完全なる神の美を表現している』とも解釈できるのではないでしょうか。

我々の存在する大宇宙は対称性の破れを内在しており、その対称性の破れによって存在しているのです。しかし、完成美の場合は"絶対"を目指して対称性の破れなどの"欠点"を排除しようとし、そのことによって、かえって欠点というものに対しての"相対的"存在になってしまうのです。したがって、長所と欠点の全てを包含する完全美の方が、より絶対に近いというパラドックスが生じます。そして、"対称性"と"対称性の破れから生じる多様性"のすべてを包含する超ひも理論は、完全美を表していることは言うまでもありません。

雅直：『朱田印。完全美は、真実を語るのだな…』

朱田印：『そうだ、完全美は、真実を語るのだよ…』

美しい理論は真実を語る。

アルバート・アインシュタイン

第4章　聖なる謎（後編）

　ところで、この**"完全美"**は創発思考を会得する上で重要な概念になるのですが、はたしてこの概念が、どのように創発思考をもたらすというのだろうか？

　その謎解きは、『第5章』と『第6章』ですることにしましょう。

聖なる謎
The END

第 5 章 では、

創発思考の視点から、

『 マネーゲーム 』を考察します。

The Science of Money Games

第5章 マネーゲームの科学

(宇宙法則の神秘とマーケティング)

経営学・経済学の限界

MBA(経営学修士)という文字を、ビジネス書のタイトルの一部に付けると本の売上げが伸びるそうですが、その一方で、『大学院で学ぶ経済学や経営学は実践では役に立たない』という話もよく聞きます。

例えば、MBAを取得した後に一流コンサルタント会社に就職し、『キャッシュフロー』や『マネジメント・コントロール』などの専門用語を駆使していれば取引先の重役を感心させることは可能かもしれないが、彼らが実際に独立して会社を設立すると、直ぐに倒産してしまうことがよくあるそうです。

彼らは市場調査のデータに基づいた入念な戦略を練り、緻密な財務計画を立て、キャッシュフロー分析を行う。更には、シミュレーション分析やリスク管理を徹底させて事業を始めてみると、……倒産という哀れな結果を招くことになる。しかし何故、経済学や経営学が実践で通用しないケースが生じるのだろうか？

経済学者らは自分たちの学問を"サイエンス"として認知してもらうために物理学から多くの数式や概念を借用し、それらを市場分析や予測のために使用しました。しかし、その物理学が"古典物理学"であったことが、経済学や経営学の知識が実践で通用しないことの一つの原因になっているのです。つまり、ニュートン時代の古典物理学は"予測可能"な現象を記述する科学であるのに、その科学を**"予測不可能性"**を持つ複雑な市場に適応させようとするから役に立たないのです。したがって、

第5章 マネーゲームの科学

**実践で役に立つ「マネーゲームの科学」は、
予測不可能性を記述する『量子力学』や『複雑系科学』
を土台としたものである必要があり、
それらを統合する『創発思考』が求められるのです。**

　複雑系のブームを巻き起こした『COMPLEXITY（邦題：複雑系）』（M・ミッチェル・ワールドロップ著　新潮社）には、トップクラスの物理学者たちと経済学者たちとの間に繰り広げられた白熱した議論が描かれていますが、そのなかに、物理学者たちが経済学者たちの非現実的な仮説を元にした理論体系に呆れてしまう場面が多く描かれてあります。

　例えば、物理学者が経済学者の立てた仮説にショックを受けて『君ら本当にそんなこと信じてるのかね？』と問いただす場面があるのですが、コーナーに追い込まれた経済学者たちは、『もしこういう仮定をしなかったら、何も出来ないじゃないか』と答えるのです。そして、それに対して物理学者たちが更に攻めます。『**しかしそれでどうなるっていうんだ。それが真実でなければ、君らは誤った問題を解いていることになる**』

　このように多くの経済学者たちは、ありもしない非現実的な前提を創作して、役に立たない理論を展開するのが得意なようですが、そのことをジョークにしたのが次の小話です。

物理学者、化学者、経済学者の三人が乗っていた船が遭難して、無人島に流れ着きました。そして数日後、餓死寸前の彼らの前に、食料が入っていると思われる缶詰が流れ着いたのです。しかし、彼らは缶切りを持っていません。そこで彼らが交わした会話とは…。

化学者：「海水を利用して缶を腐食させれば、缶がボロボロになるので、開けやすくなるぞ」

物理学者：「いや、それでは時間がかかり過ぎる。梃子(てこ)の原理を利用して穴を開けることにしよう」

経済学者：「う〜む…、しかしそれよりも、ここに缶切りが既にあると仮定して考えたら良いじゃないか。そしてその場合、いかにして中身を公平に三等分するかが一番重要なテーマとなる」

化学者：「……」

物理学者：「……」

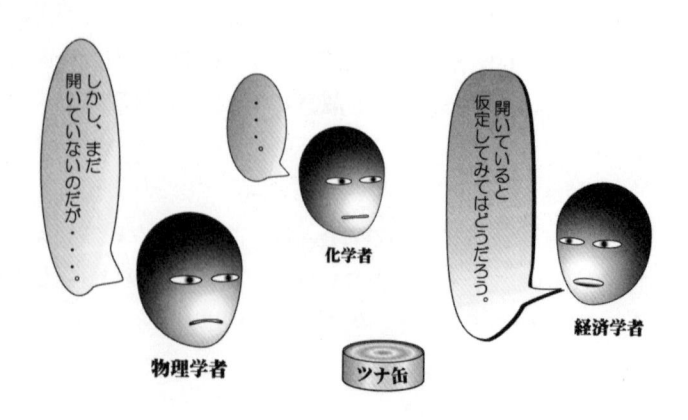

第5章 マネーゲームの科学

　物理学の場合は、理論を実験データによって検証するという過程を踏まえるので、幾つかの例外を除き、単なる机上の空論は淘汰される傾向にあるのですが、経済学の場合、物理学で行うような厳密な検証を真似することができないので、役に立たない空論が生き残るのです。

　経済学の場合、物理学よりも複雑な対象を扱っているということも、理論を非現実的にしていることの原因になっています。つまり、現実の市場は複雑で理解困難なため、自分たちにとって都合の良い、現実とは異なる単純なモデルに変えてしまう傾向があるのです。

　例えば、経済学の市場予測モデルからは、**"自由意志"**、もしくは**"感情から生じる気まぐれ"**などの不確定性をもたらす要素が取り除かれています。つまり、そのような要素を取り入れると予測モデルが複雑になってしまうため、

『人間は、自己の欲望を達成するために、常に合理的に行動する』

　　　　という、ありもしない仮説を作り上げてしまったのです。

　このような人間を、**『ホモ・エコノミクス(経済合理的人間)』**というのですが、実際の人間は、常に合理的に行動するとはかぎりません。

　それでは、市場における実際の人間の行動とはどのようなものなのか？…ということを、創発思考の視点から考察していくことにしましょう。

マーケティングと観測問題

　先ずは、マーケティングにおける観測する側とされる側との間に生じる相互作用に関して、創発思考の視点から考察していきます。量子論における観測問題に類似した問題は、マーケティングにおいても生じているという話は第1章でしましたが、例えば、『The Invisible Touch』(邦題：インビジブル・マーケティング)の著者であるハリー・ベックウィス氏は、そのことについて次のように述べています。

　調査されていることを知っている人は、自らの行動を調査に沿うように変えるのである。(中略)…は、観測されていることを知っている。その事実は影響しないだろうか。普通に振る舞い、ありのままの姿を見せるだろうか。これら二つの例が「リサーチ自身が本来の結果を変えてしまう」というリサーチの持つ根本的な性質を示している。もともとこの現象を観察してきたのは自然科学者だ。発見者の名を取って「ハイゼンベルグの不確定性原理」と名づけられている。

(『インビジブル・マーケティング』ダイヤモンド社　5～6ページ)

　量子論における観測問題とマーケティングにおける観測問題を、まったく同じものとして捉えることには無理があるが、ベックウィス氏が言うように、それらの間には興味深い類似点があります。そしてその類似点とは、

『 意識の関与が観測結果を歪めている 』

という事実です。

第5章　マネーゲームの科学

　例えば、テレビ番組の視聴率を調査するためのモニターになった人には、普段とは違う番組を見始める傾向があります。普段は見ない格調の高い番組を見るようになったり、低俗な番組を見る回数が減ったりするのです。これは、**"見られている"** という意識が、人の行動を変えさせることを意味しており、

『 観測(調査)という行為自体
　　が事実を歪めてしまう 』

ということなのです。

　ベックウィス氏は、マーケット・リサーチの問題点について、更に次の内容を挙げています。

『我々は自分自身のことを知らない。自分がするであろうと
　思う行動をとらない』（『インビジブル・マーケティング』13ページ）

　つまり、アンケート調査を行ってみても、その回答は当てにならないということです。そして、役に立たない予測モデルを作り出す経済学者のように『人間は常に合理的に行動する』というありもしない前提を用いると、調査の回答をそのまま真に受けてしまうことになるのです。

　ベックウィス氏は、その件に関する幾つかの具体例を挙げています。例えば、ケンタッキー・フライド・チキンで「健康的で低カロリーなチキン（皮なしチキン）」というアイディアが社内で提案されたときに、その案について市場調査を行ってみると

肯定的な結果が返ってきました。そこでその案を実行に移すと…、結果は失敗に終わりました。何故ならば、多くの人は自分がするであろうと思われる"合理的行動"を実際にはとらないからであり、アンケートに対して『私はヘルシーな低カロリーチキン(皮なしチキン)を絶対に買います』と言った人たちが、実際にはそう行動しなかったからです。頭では低カロリーでヘルシーな食品を食べた方が良いと思っていても、実際には見た目にも食欲をそそる高カロリーな食品を食べてしまうのです。したがって、アンケート形式の市場調査は役に立たないどころか、マイナスの結果をもたらす場合もあるのです。

> アンケートの結果には
> 『知的な理想』が反映されますが、
>
> 実際の行動には
> 『本能的な欲求』が反映されます。

　ベックウィス氏は、もう一つの例として選挙に関する世論調査を挙げています。それは、1979年当時のことですが、その

頃は多くの人がリベラルで情け深い人間を理想としていたので、世論調査では、リベラルな候補であるジミー・カーターが有利であるという結果が出ました。しかし実際には、保守的なロナルド・レーガンが勝利したのです。更にベックウィス氏は、リサーチに関するもう一つの問題を指摘しています。

　調査員は、自分が探している何かを見つけようとしがちだ。自然科学者もこれには気づいていて「参加型」現象と呼んでいる。物理学者ジョン・ウィラー・アーチボルドは「特定の情報を探すとき、よく見つかる傾向がある」ことに気づいた。人は、異なる情報や結論 ── 特に矛盾した情報や結論 ── を見出す能力を失ってしまったのだ。(中略) このことは、マーケティング・リサーチについて考えるとき、重要な意味を持つ。要するに私たちのリサーチは、新たな情報を浮かび上がらせるというよりも、むしろ偏見や確信をより堅固にするだけなのだ。驚くほどの頻度で、そうした結論が「リサーチ」から生じている。

(前掲『インビジブル・マーケティング』6～7ページ)

　つまり人間の意識は、異質なものに気を取られるのが通常なのですが、そこに利害関係や固定観念などが絡んでくると、逆に、異質なもの(都合の悪いもの)を無視してしまう傾向を持つ場合があるのです。そしてこの場合も、観察する側の意識の影響によって観察される内容が変化してしまうということを意味しており、"客観的"なマーケット・リサーチの難しさを示唆しています。しかしそれでは、予測不可能性を内在する市場を、どのように考察していけば良いのでしょうか？

創発思考とゲーム理論

　第1章や第3章でも説明したように、複雑系社会に予測不可能性をもたらしているのは相互作用です。したがって、"市場"（マーケット）と呼ばれる複雑系の中で我々がマネーゲームを楽しむためには、一つ一つの要素を丹念に眺めているだけではダメということであり、それに加えて要素間の相互作用、特に、

"人間関係に潜む相互作用"

も把握する必要があるということです。

　しかし、どのようにすれば、その相互作用とやらを把握することができるのだろう？

　実は、**20世紀最大の数学者**といわれる

ジョン・フォン・ノイマンが、

人間関係の相互作用の謎を探究し、『**ゲーム理論**』という

人類史上究極の実用的理論体系を発明したのです。

　この理論体系はMBAにも取り入れられているのですが、これをマスターすれば、

　　貴方はもう、**マネーゲームの達人**

になったようなもの … かな？

フォン・ノイマンによって発明されたゲーム理論は、1944年に経済学者オスカー・モルゲンシュテルンとの共著によって広く世界に知れ渡り、経済学の分野でも活用されるようになりました。ゲーム理論は、この世に存在する理論の中で「最も実利的」と評価されていますが、その理由は、この数学的理論によって現実世界における人間関係を記述することが可能だからです。つまり、『**予測不可能性**』を創発する様々な人間関係の**相互作用**── 例えば「利害の一致や反目」「情報の過多や不足」「自由意志による決断」「偶然」etc. ── が作用している複雑な社会において、いかにして利得を得ることができるか?…を解き明かすことを一つの目的として開発されたのがこの理論なのです。

◆ ゼロサム・ゲーム (利得の保存則)

ゲーム理論には、人間関係の複雑さのレベルに応じて様々なモデルが存在しますが、その中で最も単純で基本的なモデルの一つに『ゼロサム・ゲーム』があります。ゼロサム・ゲームのルールは、『全員の利得の合計は常に一定であり変化しない』というものであり、片方の利得が増せば、もう片方の利得が減少することになります。つまり、増加(プラス)と減少(マイナス)の合計(サム)は常にゼロになるからゼロサム・ゲームと呼ばれているのです。

ゼロサム・ゲームの代表例としては、受験戦争や昇進競争などが挙げられますが、このようなルールが土台となった人間関係においては、相手の利得が自己の不利得に繋がるので、調和的相互作用が生じにくくなっています。

ゼロサム・ゲームの場合、「自分が利得を得るためにはどうすればよいのか？」という設問に対する解は一つです。自分が利得を得るためには"競争に勝つ"ことが要求されるのです。しかし、自分が勝つことによって相手が不利得を被ることになるので、あまり理想的な解とは言えないかもしれません。そこで、解を理想的なものにするために、ゲームのルール自体を変えてしまうという方法がありますが、その方法については後でふれることにします。

ところで、人生においてはゼロサム・ゲームよりも複雑な状況設定が多くあり、簡単に解を出すことの出来ない場合がよくあります。次に紹介する「囚人のジレンマ」がその例であり、ゲーム理論における中心的研究テーマにもなっています。

◆ 囚人のジレンマ

それでは、囚人のジレンマの状況設定から説明することにします。まず、2人の友人同士が微罪で警察に捕まるのですが、警察側としては、この2人には余罪があると睨んでいます。しかも重罪です。そこで、この2人を別々に取調室へ呼び出し、取引を持ち掛けるのです。いわゆる司法取引というものです。

取調官は言いました…『自供をすれば、君を無罪にしてあげよう。そして、君の友人には20年の禁固刑が求刑されることになる。しかし、君が黙秘して君の友人が自白した場合には、君の友人が無罪になり、君が20年の禁固刑を求刑されることになる』

取調官は、更に続けて言いました…『もし、君と君の友人が両

方とも自白した場合には、2人は10年の禁固刑を求刑されることになる。そして、2人とも自白しなかった場合は、2人とも微罪で済む。さて、どうするかね?』

囚人のジレンマの場合はゼロサム・ゲームと違い、両方の利得の合計が一定ではありません。そして、両方が自白をしなかった場合の利得の合計が最大になります。しかし、2人の囚人は隔離されているので打ち合わせをすることができません。したがって、**"予測不可能性"** のためにジレンマに陥るのです。

この囚人のジレンマの研究は、人間社会における根本的問題を解決する手がかりを与えるものとして期待されているのですが、アメリカの政治学者ロバート・アクセルロッドは、世界中のゲーム理論の専門家に呼びかけ、囚人のジレンマの実験を行ったのです。この実験にはコンピュータが使用されたのですが、ようするに、様々な戦略がプログラムされたコンピュータ同士を戦わせるリーグ戦を行ったのです。そして、戦いのルールは次のようになっています。

まず、両者が共に協調的行動をとった場合には両方とも3点を得ることができます。そして、両者が共に裏切った場合には、両者とも2点を得ることができます。次に、片方が協調的行動をとり、もう片方が裏切りの行動をとった場合には、協調的行動をとった方は最低点数である1点しか得ることはできず、裏切った方は最高得点である4点を得ることになります。

(次のページの表を参照)

	容疑者A 協調する	容疑者A 裏切る
容疑者B 協調する	容疑者A 3点 容疑者B 3点	容疑者A 4点 容疑者B 1点
容疑者B 裏切る	容疑者A 1点 容疑者B 4点	容疑者A 2点 容疑者B 2点

　このリーグ戦において重要なポイントは、同じ相手とのゲームは一回だけではなく、何度も繰り返されるということです。つまり、同じ相手と一回だけしか対戦しない場合は、裏切りの戦法を選択した方が確率的に有利になるのですが、同じ相手とのゲームを繰り返す場合には、相手の戦略傾向を読み取り、その戦略に応じた対処の仕方を工夫した方が、効率よく得点を稼ぐことができるようになるのです。そして、実際の世の中においても、同じ相手との長い付き合い方を研究することは、現実的で重要な意味を持ちます。

◆ ゲームに勝利したのは誰だ？

　この大会の結果は、『協調性の進化』という題の本の中にまとめられたのですが、果たして、優勝したコンピュータはどのような戦略を選択したのでしょうか？　常に相手の裏切りを耐え忍んで協調的行動をとる戦略でしょうか？　それとも、相手が協調的行動をとってきても常に裏切る戦略でしょうか？　も

しくは、とても高度で複雑な戦略でしょうか？ トーナメントには14のプログラムが集まり、それらのプログラムに、ランダムな手を打つ「でたらめ戦略」のプログラムを加えた合計15のプログラムによって戦いが繰り広げられたのですが、その結果はまったく予想外のもので、皆を驚かせたのです。

なんと、この大会で優勝したコンピュータ・プログラムは、すべての参加プログラムの中で"最も単純"なプログラムである『しっぺ返し戦略 (TIT FOR TAT)』だったのです。

『しっぺ返し戦略』は、トロント大学の社会心理学者によってプログラムされたものですが、心理学の分野では、人を実験台にした囚人のジレンマの研究が多く行われており、しっぺ返し戦略を用いると利己的な集団のなかから調和的相互作用が生じることが確認されていたのです。この「しっぺ返し戦略」とは、一回目は協調を選び、二回目からは相手が前の回に選んだ行動と同じ行動をとるという戦略です。つまり、相手が協調してきた場合はこちらも協調し、相手が裏切ればこちらも裏切るという『飴と鞭』のやり方が組み込まれていたのです。そして、このしっぺ返し戦略から得られる貴重なヒントは、

『絶対に自分から先に裏切らないけれども、相手の裏切りには即座に反応して懲らしめること。そして、相手が協調すれば、即座に自分も協調すること』

※ このプログラムの戦略は単純なので、相手にとっても分かりやすく、こちらの真意を伝えやすいというメリットがあります。したがって、複雑化している人間社会においても、有効に作用します。

◆ **他のプログラムとの比較**

トーナメントに参加したプログラムのなかには、とても手の込んだものがあったのですが、そのなかの一つには、「相手が裏切るたびに報復の回数を増やしていく」というものがありました。つまり、相手の1度目の裏切りに対しては1回の報復を行い、2度の裏切りに対しては、2回続けて報復を行うのです。そして、相手の裏切り行為の回数が増えるたびに、連続して報復する回数も増やしていくのです。この戦略は、一見、効果があるように思えますが、トーナメントの結果では14位に終わりました。つまり、この戦略はビリから二番目で、ビリは「でたらめ戦略」だったのです。

この戦略の敗因は、「手の込んだ戦略になっていたために、対戦相手からは"でたらめ戦略"との区別がつかなかった」ということのようです。そして、次に紹介する『メダカの動きを再現するコンピュータ・シミュレーション・プログラム』のところでも説明しますが、相互作用のルールは、シンプルな方が複雑な環境においても柔軟で有効に機能するのです。

相互作用のルールはシンプルな方が良い

例えば、メダカの群れの動きをコンピュータで再現した場合、上から下に命令するタイプの規則をプログラムすると、システムが収拾のつかないほど厄介で込み入ったものになります。そ

第5章　マネーゲームの科学

して、メダカたちの動きはぎくしゃくとした不自然な傾向を見せ、突発的なトラブルが生じたときなどは、対処のしようがない状況におちいるのです。コンピュータによって再現されたトップ・ダウン的な命令系統で機能しているメダカたちの集団には序列があり、下図 (a) にあるように、上から下への命令を表す矢印が相互方向ではなく、一方方向になっています。そして、組織が大きくなるほどトップの負担が増大し、能力の限界に達します。

そこで、コンピュータ・プログラムをトップ・ダウン的なものから**"個々のメダカ同士の相互作用を規定する単純な規則"**に換えれば、それらの単純な局所的相互作用の組み合わせが非局所的に作用し、群れ全体に調和が創発されます。（下図 (b) 参照）

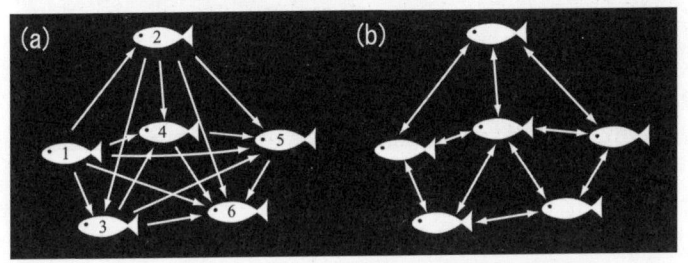

(a) トップ・ダウン式命令系統と (b) 調和的相互作用

つまり、メダカ同士の相互作用を規定するプログラム自体は単純で簡単なものであっても、その単純な相互作用の組み合わせによって動作するメダカたちは驚くほど柔軟で複雑な行動をし、様々な環境に適応できるようになるのです。

そしてこれは、第 1 章や第 3 章で説明した『**現象が複雑に見えても、必ずしも多くの要素が関連しているとは限らない**』(p.15, p.119 参照) という自然法則を裏付けています。そして、調和的全体性を持つ複雑系は、『上から下に命令を下すトップ・ダウン式規則の組み合わせ』によって成り立っているのではなく、『上下関係のない個々の調和的相互作用』によって機能していると言えるでしょう。そしてこの違いは、『**絶対なる神が上から人間を支配している西洋的イメージ**』と『**我々の内なる仏性が調和的相互作用をもたらしている東洋的イメージ**』との違いに喩えることが出来ます。(下図参照)

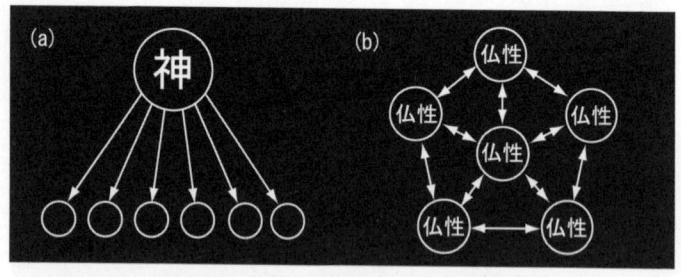

(a) 西洋的支配構造と (b) 東洋的調和構造

　アインシュタインは、『**私は東洋人であり、東洋的な思想を持っている**』と語ったことが何度かあるそうですが、彼も、絶対的な権威を持った一神教の神を信じない汎神論者であったことは有名です。

人間の外(そと)に、人格と意志を持った神を
想像することはできません。

アルバート・アインシュタイン

また、人体もトップ・ダウン的な一つの中枢からの命令系統によって機能しているのではなく、神経系、内分泌系、免疫系の各システムが互いに調和的相互作用を持つことによって統合されているのですが、著名な免疫学者である多田富雄氏は、このような人体の働きを『スーパーシステム』と呼んでいます。

そして、第4章でも説明しましたが、西洋では**絶対**の象徴である**完成美**が好まれるのに対して、東洋ではすべてを調和的に内在する**完全美**が好まれる傾向があるのです。

◆『二回目の大会』と『しっぺ返し戦略の利点』

アクセルロッドは、単純なプログラムである「しっぺ返し戦略」を打ち負かすために、二回目のトーナメントを開催したのですが、結果はどうなったでしょうか？

二回目のトーナメントの参加者たちには一回目のトーナメントで得られた結果が公開されているので、しっぺ返し戦略に対抗できるプログラムが開発されているはずです。しかし、なんと…、62種類のプログラムが参加した二回目のトーナメントでも「しっぺ返し戦略」が優勝し、皆を驚かせたのでした。

「しっぺ返し戦略」の特徴は、個々の試合においてはあまり高得点を得ることはできないけれども、大負けすることもないので、対戦回数を増やしていくうちに総合得点がどの戦略よりも高くなることです。そして、しっぺ返し戦略と対戦する相手は、協調することによってのみ得点を得ることができるので、自然に協調的相互作用が生じるというメリットがあります。

◆ 共有地の悲劇

「囚人のジレンマ」の話はここで終わりません。実際の人間関係においては一対一の相互関係だけではなく、複数の人間を相手にした相互関係があるため、事態はややこしくなるのです。

例えば相手が複数の場合、誰が非協調的行動をとったかを特定できない場合もあるし、たとえ特定できたとしても、その相手にしっぺ返しをしようとすると、他の関係ない相手にまで被害が及んでしまう場合もあります。これは、テロ行為に対する報復攻撃の場合にも生じる問題です。

さらに、誰が非協調的行動をとったかを特定できない状況においては、自己の行動に責任を持たない人間が増加することになりますが、このような状況を『**共有地の悲劇**』と言います。ようするに、共有地の悲劇の状況では、グループが大きくなるほど協調性が失われてしまう傾向が強まるのです。

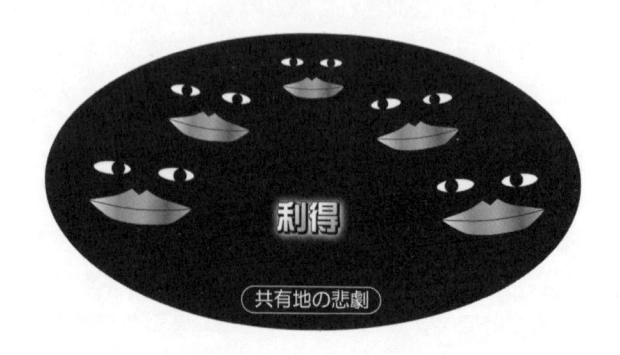

共有地の悲劇

それでは相手が複数の場合、どのような戦略をとれば良いの

でしょうか？　解決策を見出すために、①『**協調派**』②『**非協調派**』③『**多数決しっぺ返し派**』という三つのグループの戦略を考察してみることにしましょう。

①「**協調派**」の場合は相手の出方に関係なく常に協調的行為を選択するので、例えば、テロリストから攻撃を受けても、それに対する報復攻撃をしません。②「**非協調派**」の場合は相手の出方に関係なく常に非協調的行為を選択します。③ そして『**多数決しっぺ返し派**』は、相手側の半数以上が非協調的行為をとった場合に、それに対してのしっぺ返しを選択し、そうでない場合は協調を選択します。

「協調派」は自分たちだけの集団のなかでは共に利得を得ることができるので繁栄し、「非協調派」は自分たちだけの集団のなかでは共に裏切り合うことになるので利得を得ることができず、直ぐに死滅することになります。しかし、集団の中に「協調派」と「非協調派」が共存する場合は、「非協調派」が「協調派」に寄生して利得を得ることになるのです。そして、三つの派閥の中では「非協調派」の餌食になった「協調派」が最初に全滅することになるのですが、そうなると、寄生する相手を失った「非協調派」も自然消滅することになり、最後に「多数決しっぺ返し派」が生き残ることになるのです。

「多数決しっぺ返し派」は「非協調派」に対してはしっぺ返ししかしないので、「非協調派」が利得を得ることはありません。しかし、「多数決しっぺ返し派」は、自分たちの間で利得を与え合うことができるので生き残ることができるのです。

◆ 安売り競争の悲劇

　それでは、ゲーム理論をマーケティングに適用して考察してみましょう。例えば、単に商品の価格を下げるだけのことであれば誰にでも出来るので、貴方が価格を下げれば、貴方を上回る安売り店が現れ、泥沼化した安売り競争が始まります。これは、消費者の立場からすると有難くもあるのですが、規模の小さな小売店にとっては深刻な問題です。

　そしてここで重要なのは、『安売りに群がってくる客は、ある意味において"質の悪い客"だ』ということです。何故ならば、安売りに群がる客は、"安売り"に興味があるのであって、サービスや商品の"質"に対するこだわりはあまりないからです。彼らは常に価格の安い商品に群がってくるので、あなたの会社の商品よりも安い商品を見つければ、すぐに浮気をしてしまう。つまり、安売りを求める客は出入りが激しく、彼らを固定客にするのは難しいということであり、安売りを期待して集まって来る客は、安売りを止めた途端に去っていくのである。

　それでは、値引き戦略で失敗をしたボストン・マーケット社の実例を、ハリー・ベックウィス氏の著した『インビジブル・マーケティング』（ダイヤモンド社）の中から要約して紹介することにしましょう。

　1995年、アメリカにあるチェーン・レストランのボストン・マーケット社は、破竹の勢いで勢力を拡大し始めた。そして、何もかもが順調に行っているように見えた。

　ボストン・マーケット社の社是は、『安売りに惹かれて来客すれ

ば、味を気に入って、そのまま顧客になってくれる』であったが、問題は、その社是を信じて、96年に数百万人もの人に割引クーポン券をばら撒くことによって始まった。

その割引クーポン券の効果で、レストランの前には長蛇の列ができたのだが、その客たちは、前に説明した"質の悪い客"たちである。彼らがレストランに押し寄せたために、店は混みあい、待ち時間が長くなった。そして、騒々しくて散らかった店になってしまったのである。このために、"質"を求めて固定客になっていた人たちは、そのレストランから遠のくことになった。そして問題は、このあとに明らかになる。

ボストン・マーケット社は、割引クーポンを使用した戦略の失敗に気づき、97年に廃止したのであるが、時すでに遅く、倒産してしまったのである。何故だか分かるだろうか?

『安売りを期待して集まって来る客は、安売りを止めた途端に去っていく』という話を前にしたが、正に、その現象が起きたのである。『安売りに惹かれて来客すれば、味を気に入って、そのまま顧客になってくれる』というボストン・マーケット社の社是は、"質の悪い客"には当てはまらなかったのである。彼らは"安売り"に興味があるのであって、"質"に対する目利きではない。

ところで安売りといえば、近年になって登場し、爆発的な人気を集めている100円ショップを思い浮かべる人が多くいるのではないだろうか。100円ショップでは、『ロス・リーダー』と呼ばれる原価を割った目玉商品を置いて客を驚かせ、周囲の

商品まで良く見せてしまう心理的テクニックを上手く利用しています。しかし、100円ショップの店舗数は激増しており、生死をかけた客の奪い合い現象が起きる可能性は大きい。そして、消費者の目が肥えてくれば、ロス・リーダーしか売れない現象も起きるかもしれない。だが、前にも説明したように、"安売り"に興味がある消費者の多くは、"質"に対する強いこだわりを持っていない。そしてそのことが、100円ショップ業界にとっての救いではある。

ところで、100円ショップに関してはあとで再び考察することにしますが、様々なビジネス業界では激しい安売り競争が続いている。そして、安売りを維持するためには、人件費の削減や過労働などの"痛ましい"手段が要求されるケースがよくある。しかし何故、このような自分で自分の業界の首を絞めるようなことをするのだろうか？

このような安売り競争は、「囚人のジレンマ」によって説明可能ですが、この場合、「協調する」「裏切る」という表現の代わりに、「価格を維持する」「他店よりも値下げする」という表現を使うと分かりやすくなります。そして例えば、ある小売店がそれまでの価格を維持したときに、他の小売店が値下げをした場合を考察してみよう。この場合、値下げした小売店の商品が売れることになるので、値下げした方が最大の利得を得て、価格を維持した方が最大の不利益をこうむることになります。したがって、両社が値下げ競争を繰り返すという状況が生じるのです。（このような状況は、国家とテロリストとの間に生じる報復合戦にも似ています）

第5章　マネーゲームの科学

　しかしこの場合、下の表を見ると分かりますが、両社が現状の価格を維持した場合よりも、両社が値下げした場合の方が、合計の利得が低くなってしまうのです。（両社が価格を維持した場合は、両社とも3点を得ることが出来るが、両社が値下げをすると、両社とも2点しか得ることが出来ない）

	小売店A 価格を維持	小売店A 値下げ
小売店B 価格を維持	小売店A 3点 小売店B 3点	小売店A 4点 小売店B 1点
小売店B 値下げ	小売店A 1点 小売店B 4点	小売店A 2点 小売店B 2点

　このような安売り競争では、資金力のある大型店の方に軍配が上がる確率が圧倒的に高いのですが、国家 vs. テロリストの場合も、国家が圧倒的な軍事力によってテロリストを殲滅させることに成功すれば、報復攻撃に終止符を打つことが出来ます。しかし、それが理想的な解決策であるかどうかは別問題です。

　安売り競争の場合、両者の実力が拮抗していると、いつまでも不毛な争いが続きます。そして現実問題として、テロリストの場合も軍事力によって殲滅させるのは困難であり、このような状況においては、しっぺ返し戦略も有効に作用しない可能性があります。しかし、それではいったい、他にどのような解決策があるというのでしょうか？

◆ **ルールの変革**

『**状況が好ましくない場合はルールを変えろ**』ということが、ゲーム理論における常套手段です。そして、行政機関による罰則の強化や、経営者による社員規定の変更などもルールの切り替えを意味しますが、実例としては、次のようなものがあります。

大手パソコンメーカーである米ゲートウェイでは、仕事の効率を上げる目的で、『電話の処理時間の短さに基づいてテクニカルサポートスタッフに報酬を与える』というルールを用いていたのですが、この場合、電話応対の時間が長くなると評価が下がるシステムになっているので、顧客に対する"裏切り行為"（直ぐに電話を切ってしまう）を選択した方が成績が上がることになってしまいます。したがって、"効率"を重視したこの戦略は、顧客満足度の低下をもたらし、結果的には非効率的なものになってしまうのです。そこで、最高経営責任者に復帰したテッド・ウェイト氏がそのルールを変更し、業績を向上させることに成功したこともあるのです。

地域社会のルールを変えて成功した例としては、カリフォルニア州やテキサス州などで施行された『アイム・ソーリー法』というものがあります。アメリカでは、交通事故を起こした場合、「アイム・ソーリー」と謝ってしまうと自分の非を認めたことになってしまうので、よほどのことがなければ謝りません。そこで、『交通事故の現場で謝っても、その謝罪の言葉を、非を認めた証拠とはしない』という法律を制定したのです。そして、ルールが変わることによって加害者が被害者に対して謝罪するようになり、そのことによって被害者が納得すると訴訟も

減り、結果的には双方にとってプラスになります。つまり、ルールを変えることによって"ジレンマ"から脱出することが可能になるのです。

◆『指導者ゲーム』と『英雄ゲーム』

ゲーム理論には、『ゼロサム・ゲーム』や『囚人のジレンマ』以外に、『**指導者ゲーム**』や『**英雄ゲーム**』などのルールがあります。

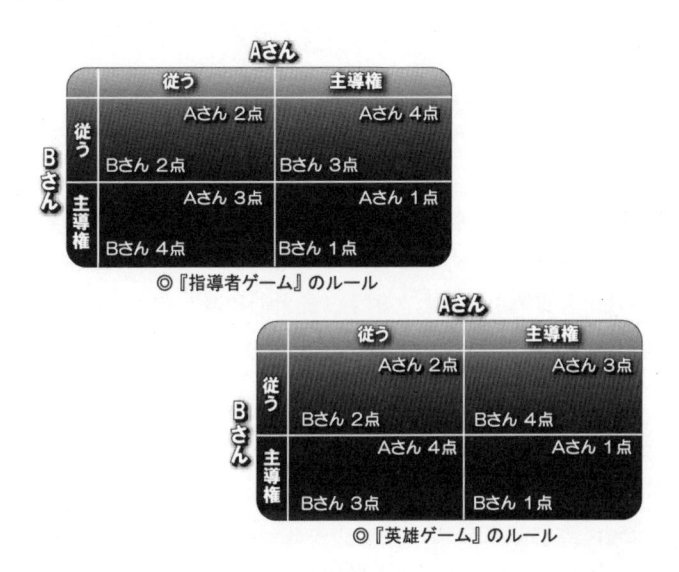

		Aさん 従う	Aさん 主導権
Bさん	従う	Aさん 2点 / Bさん 2点	Aさん 4点 / Bさん 3点
	主導権	Aさん 3点 / Bさん 4点	Aさん 1点 / Bさん 1点

◎『指導者ゲーム』のルール

		Aさん 従う	Aさん 主導権
Bさん	従う	Aさん 2点 / Bさん 2点	Aさん 3点 / Bさん 4点
	主導権	Aさん 4点 / Bさん 3点	Aさん 1点 / Bさん 1点

◎『英雄ゲーム』のルール

そして、ルールを変えることによって人間関係の相互作用に変化が生じるという話は既に説明しましたが、『指導者ゲーム』のルールのもとでは、片方のプレーヤーがボス的な役割をし、

もう片方のプレーヤーが子分的な役割をする傾向が強くなります。そして『英雄ゲーム』のルールのもとでは、片方のプレーヤーが利他的な行動をとって英雄の役を演じるようになり、もう片方のプレーヤーが、その恩恵を受けるようになります。

この2つのゲームの場合は、"協調"と"裏切り"という表現よりも、"主導権をとる"と"従う"という表現を使用した方が適切です。そして、指導者ゲームと英雄ゲームに共通していることは、両者が同時に主導権を握ろうとすると、両者の利得が最低の1点になってしまうということと、両者が同時に消極的になって相手に任せようとしても2点しか獲得できないということです。

したがって、片方が主導権を握って、もう片方が相手に従った方が、両者にとってメリットが最大になるのです。しかし、指導者ゲームの場合は、自分の方が主導権を握って指導者になった方が利得が最大になるのに対して、英雄ゲームの場合は、自分が主導権を握ると、相手に最大の利得を与えることになるので、英雄のような存在になるという傾向があります。

それでは、これを実際の人間社会における設定で説明してみましょう。例えば、複数の人が集まって会社組織を設立するには、社長を決める必要があります。そしてその場合、皆が社長の座に固執していたのでは、会社組織が成り立ちません。逆に、皆が社長になることを躊躇していたのでも、会社組織が成り立ちません。そこで、一人だけが社長になり、他の人たちは社員になる必要があります。しかしこの設定は、『指導者ゲーム』でしょうか？　それとも『英雄ゲーム』でしょうか？

それは、その時の状況に応じて解釈が異なります。例えば、社長になることに対するメリットが大きければ、それは指導者ゲームになりますが、逆に、リスクが高くて報酬も少ないことが明らかな場合は、英雄ゲームになります。

◆『ケーキ分配ゲーム』

一つのケーキを半分に切って2人の子供に分け与えるとき、正確に二等分することは容易ではない。そして子供たちは、大きい、小さい、と言って争うことになる。しかしその場合、どのようにすればトラブルを無くすことができるのだろうか？

先ず、自分がケーキを切って子供たちに分け与えると問題が生じてしまうのだから、子供たち自身にケーキを切らせてみてはどうだろうか？ そしてその場合、2人の子供たちによる「ケーキ分配ゲーム」が始まることになる。

このゲームの場合、どちらか片方の子供がナイフを持ってケーキを切ることになるのだが、これは、2人が同時に同じ行動をとることが出来ないことを意味している。つまり、行動の選択に、必ず対称性の破れ(非対称性)が生じるのです。

ゲームの非対称性には「情報の非対称性」「業種の非対称性」「品揃えの非対称性」「役わりの非対称性」など、様々なものがありますが、例えば他店との間に品揃えの非対称性が生じれば、競合が弱まり、安売り競争が生じにくくなります。

ところで、役わりの非対称性をもたらす「ケーキ分配ゲーム」の場合、「ケーキを二等分する役」の他に、「二等分されたケー

キのどちらか片方を先に選ぶ役」が存在することになります。そして、一人の子供が、その両方の役を同時に選択することも可能ですが、それだと、相手の子供が不満を抱く可能性が高まります。そこで、ケーキを二等分するのと、二等分されたケーキのどちらかを先に選ぶのを、それぞれ別の子供にやらせれば、2人とも納得する可能性が高くなります。しかし何故だろう？

先ず、ケーキを先に選ぶことのできる子供は、大きいと思う方のケーキを選べるので、不満を抱くことはない。そして、ケーキを切る方の子供は、ケーキを平等に二等分する役目を背負っているので、どちらのケーキを選ばれても、文句は言えない立場になるのです。

◆ ゲーム理論のまとめ

ゲーム理論は、長期的な視点を持つことの重要性を示唆しています。例えば「囚人のジレンマ」のルールの場合、一回きりのゲームにおいては『裏切り戦略』が有利に作用する確率が高くなりますが、繰り返されるゲームの場合は、『しっぺ返し戦略』が最も有利に作用します。つまり、利己的な行動は短期的には有利に働いても、長期的には身の破滅に繋がるということです。

ゲーム理論からは、『裏切り戦略』だけではなく『協調戦略』も理想的な戦略ではないことを学べます。相手に裏切られても常に協調的な行動をとってしまうお人好しの場合、相手は「裏切り行為が許された」と思ってしまうので、相手の裏切り行為を助長してしまう結果に繋がるのです。したがって、裏切られ

第5章　マネーゲームの科学

た場合は即座に抗議の意思を伝え、裏切り行為によっては利得を得ることができないことを知らせる必要があるのです。そして、相手が裏切り行為を止めれば、こちらも直ぐに寛容さを見せることによって、相手から協調性を引き出すことができます。

『裏切り戦略』と『協調戦略』に共通して見られる傾向は、相手の出方に関係なく常に同じ行動をとるということですが、『しっぺ返し戦略』の場合は、状況の変化(相手の行動の変化)に素早く対応するという特徴があります。そして、素早い対応によって効果を高める例には"直後ボーナス"がありますが、業績を上げた直後に報酬を与えた場合、報酬が意味するものに対する意識が高まり、生産効率も上がるということが、心理学者らによる実験で明らかになっているのです。

※ 褒美としての報酬は、ネガティブに作用する場合もあります。例えば、善意の行為に対して報酬を与えていると、その相手は、報酬を貰うことが目的で善意の行為をするようになってしまい、見返りを求めない善意の気持ちが消えてしまう場合もあるのです。したがって、『褒美＝良い効果をもたらす』といった単純思考的な方程式は通用しません。

　ところで、このようにゲーム理論からは様々なことを学ぶことができるのですが、この理論は、複雑な現実世界を単純化したモデルであるため、現実との間には大きなギャップがあるのも事実です。そして、そのギャップを埋めるには、人間を経済合理的存在と仮定したモデルではなく、**多様な感情パターンを持つ存在として認識したモデルへと、ゲーム理論を進化させる必要があるのです。**(本書の著者は、人間の基本的性格を9つに分類するエニアグラムとゲーム理論を統合させた新理論の研究を進めています)

感情マーケティング

◆ 幻想人間 ホモ・エコノミクス

　感情マーケティングとは、人間の感情を重視したマーケティングであり、今までの経済学や経営学を超えた視点を持つメソッドです。経済学では『**ホモ・エコノミクス（経済合理的人間）**』と呼ばれる人間を想定して様々な予測モデルを構築しているという話を前にしましたが、実際の人間は、常に"合理的"に行動する経済合理的人間ではありません。

　例えば、私が以前住んでいた家の近くに"D電器"（仮名）という全国にチェーン店を持つ電気屋さんがあったのだが、私はそこで買い物をしないで、わざわざ遠くの電気屋さんにまで足を運んでいた。しかし、遠くの電気屋の方が安く商品を買えるというわけではない。つまりこの行動は、交通の便というものを考慮に入れて考察した場合、どう考えても"合理的"ではない。

　それでは何故、私はD電器で買い物をしなかったのか？

　私は、電子手帳ザウルスの新型が発売されるという情報を聞き、D電器へ行ったことがある。そして、暇そうにしていた50歳代と見える店員に尋ねた。

> 『すいません。新型のザウルスが発売されると
> 　聞いたのですが、発売日はいつですか？』

　するとその店員は、後ろにある棚に新型のザウルスが置いてないか探し始めた。しかし、見当たらなかったみたいで、内線で他の部署と連絡を取り、確認をし始めた。その店員は、内線

で長々と無駄話をしたあと、『お待たせしました』の一言もいわず、『発売日は今日』と無愛想に答え、何処に陳列してあるかも教えてくれない。

　実を言うと、私はその日が発売日であることは知っていたのだが、店の中を探してもその商品が見当たらなかったので、確認のために発売日を聞いたのである。それに、購入する気がまったくないのに発売日だけを聞きに来る客がいるとでも、その店員は思っていたのだろうか？（稀に、そのような客もいるかもしれないが）

　とにかく私は、その商品が何処に陳列してあるかを尋ねてみることにした、

　　　　　『それで、どこに置いてありますか？』

すると店員が、ばつの悪そうな表情で応えた。

　　　　　　『うちにはまだ入荷されていないね』

またしても不丁寧な対応の仕方だ。普通の電気屋さんだと、こういうときには先ず、商品が入荷されていないことを客に詫び、予定入荷日を教えてくれるものだ。

そしてそれ以来、私はD電器に行くことはなかった。
**　　　　何故ならば、私は感情を害したからである。**

　つまり人間は、経済的合理性がプログラムされたロボットではないので、経済的合理性よりも、感情を優先する場合があるのだ。これは、実に当たり前のことではあるのだが、今までの経済学では無視されてきた要素の一つでもある。

　そして、テロリズムを含め、様々な社会問題を考察する上で

も、感情は重要なファクターになってくるのですが、『恨み』『仇』『義理』といった感情にまつわる単語は、経済学や経営学のテキストには出てこない。何故ならば、前にも説明したように、経済学者たちは経済学を物理学のような精密科学に近づけようとして、意図的に感情という要素を取り除いたからである。彼らは、感情という要素を取り除けば、見た目にも科学的になってカッコがいいと思ったらしい。たしかに、『仇』とか『義理』などの単語が経済理論のなかにたくさん含まれていたのでは"科学的"には見えないだろう。

感情という要素を取り除いた理由には、その方が、未来予測モデルを作りやすくなるということもあります。つまり、感情を理論のなかに取り入れると複雑さが増して、経済学的方程式を作るのが困難になるのです。しかし、経済学にはまったく感情が取り入れられていないわけではない。感情は考慮されているのだが、その感情という要素が、あまりにも単純に考えられ過ぎているのです。そしてその一つの例が『不倫の経済学』と呼ばれるもので、竹中平蔵さんが、『経済学ってそういうことだったのか会議』という本のなかでも紹介しています。

不倫の経済学では、不倫をする場合の意思決定を、『満足』と『リスク』というたった二つの要素に還元して説明してしまうのである。『満足』というのは感情と直結している要素であるが、ようするに、愛人と過ごすことによって得られる満足度というものを一つの要素として考慮し、それに対して、奥さんにバレるリスクや、会社をクビになるリスクなどを、もう一つの要素として考慮するのである。そして、『満足度』と『リスク』

を相対的に比較したものを数値化させることによって、意思決定モデルが完成された。

このモデルに登場する人間は、『満足度』と『リスク』の関係を物理学的、もしくは数学的に分析し、常に合理的な結論を下すことのできる"ホモ・エコノミクス（経済合理的人間）"なのだ。しかし実際の人間は、常に客観的で合理的な意思決定を下すわけではなく、気まぐれな感情を優先することも多い。衝動買いもその例である。そして、倫理・道徳・宗教などの様々な信念体系も影響してくる。

それでは、『ゲーム理論の思考法』(嶋津祐一編 日本実業出版社)という本の中にも、人間の感情を単純に捉えた面白い話が載っていたので、それを要約して紹介することにしましょう。それは、**『人の足を引っ張れば自分の足も引っ張られる？』**というテーマの話ですが、ある会社で新入社員が海外支社に派遣されることになったというのが事の始まりです。

会社側は10人のエリート新入社員を候補として集め、海外派遣のための条件を決めさせるための会議を彼らに開かせました。そして、最初は全員が海外に行けるようにするつもりだったのですが、誰かが、レベル2以上の社員だけが行けるようにしようと提案したのです（この"レベル"とは、会社側が彼らに付けた評価レベルのことで、それぞれの社員が1〜10までのレベルを付けられています。そして、同じレベルの社員は、この10人のなかにはいません）。多数決の結果、その提案は9対1で可決されました。反対したのは、その案が可決されると海外支社に行けなくなるレベル1の社員だけです。次に、『レベル3以上の社員だけが行けるよ

うにしよう』という案が誰かから出されました。そしてその提案は、またもや9対1で可決されたのです。反対したのはレベル2の社員だけで、既に行けないことが確定しているレベル1の社員は、レベル2の社員を道ずれにしようとたくらんだのです。結局、このような提案が続き、最後に残ったのはレベル10の社員だけになりました。しかし、ここで話は終わりません。誰かが、『いっそのこと、海外派遣を中止にしてはどうだろうか？』と提案したのです。そして、その案に反対したのはレベル10の社員だけで、結果的には誰も行けなくなったのです。

　ここでその話は終わるのですが、誰も行けないよりは全員で行った方が良いので、『やはり、全員で行くことにしよう』という案が出され、結局、話が振り出しに戻るという展開にしても面白いでしょう。しかし、現実社会の人間は、このストーリーに出てくる社員たちのような単純で予測可能な言動パターンを見せることはあまりありません。

　ところで、前に紹介したメダカの動きのシミュレーションなどからは、『**複雑系の本質はシンプルである**』という基本的概念を導くことが可能であるようにも思われるが、それならば何故、経済学において人間の行動基準をシンプルに捉えることに問題が生じるのだろうか？　その理由は、「複雑系の基本的構成要素」や「相互作用のルール」はシンプルであっても、そこから創発されるものは複雑であり、感情というものも単純な要素ではなく、創発された高度で複雑なものだからです。そして、その複雑な感情をマーケティングに統合させることによって、新たなビジネスが創発されるのです。

◆ 100円ショップは主婦のレジャーランド？

　実は、100円ショップ業界において急激な成長を見せているダイソー（大創産業）は、感情マーケティングを取り入れることによって成功しているのです。

　ダイソーは、100円ショップ業界の中でもダントツの売上げを誇り、安売り競争の相手もいないような状態ですが、そのダイソーでは、意図的に売れ筋ではない商品も陳列しています。何故ならば、売れないような珍しい商品も並べることによって客の好奇心を高め、集客力を強めることができるからです。

　つまり、客が『感情を持たない経済合理的人間』だと解釈した場合は、売れ筋商品だけを並べた方が売上げが伸びることになるのだが、実際の客はそうではないということです。したがってダイソーは、売れないようなユニークな商品も取り揃えることによって、客の感情を満足させる『主婦のレジャーランド』を目指しているのだそうだ。

創発されるマネー

創発の定義については第3章で紹介しましたが、複雑系社会ではマネーも創発されます。

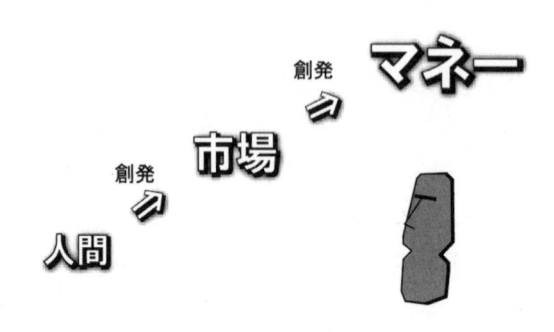

```
        創発        マネー
              ↗
      創発  市場
         ↗
    人間
```

お金も、人間同士の相互作用がなければ
創発されることはなかったでしょう。

経済学では、物は『使用価値』や『交換価値』などを持つとされていますが、それらの価値は、人や組織などの相互作用から創発されます。そして、最も広く通用する交換価値を持つのが『マネー(貨幣)』です。

それでは、竹中平蔵氏と佐藤雅彦氏の共著である『経済ってそういうことだったのか会議』(日本経済新聞社)の第1章『お金の正体』に貨幣の交換価値に関する面白い話が載っていたので、それを要約して紹介することにしましょう。

第5章 マネーゲームの科学

　それは、『「牛乳瓶のフタ」の経済学』という話であるが、佐藤氏は小学生の頃、趣味で牛乳瓶のフタ集めをしていたそうだ。すると、周りの友達もフタ集めをするようになり、フタの価値が上がっていった。佐藤少年は、隣のクラスにまで行って牛乳瓶のフタをもらって来るのだが、やがてもらえなくなる。何故ならば、皆が牛乳瓶のフタに価値を見出したからである。そして、牛乳を飲んだ後は紙屑として捨てられていたフタが、大切に扱われるようになった。

　佐藤少年は、既に多くのフタを集めていたので、傷の付いたフタ10枚と新しいフタ1枚とを交換してあげたりした。つまり、彼らの相互作用が交換価値を創発したのである。そして、彼が隣町の牛乳屋さんにまで行って取ってきた珍しいフタの1枚は、普通のフタ20枚分の価値を持つこともあった。牛乳瓶のフタは、消しゴムなどと交換されることもあった。それから、フタをあげる代わりに掃除当番をやってもらうこともあった。つまり、フタが貨幣としての価値を持ったのである。

　佐藤少年は、東京の親戚から牛乳瓶のフタを送ってもらい、友達に見せた。「これが東京のフタ」と言って見せると、「おー、すげえ」と皆が目を輝かせる。たくさんのフタを持っている佐藤少年は、世界の頂点に立っている気分になっていた。しかし、ある日、思いがけないことが起こった。

　クラスの誰かが、大きな透明ビニール袋の中にフタを何百枚も詰めて持ってきたのである。どうやら、牛乳屋の親戚からもらってきたらしい。そしてその瞬間、皆の心の中で何かが起きた。フタのことを貴重だと思う気持ちが消え失せたのである。

そして、フタの価値は無くなった。こうなると、机の中に牛乳瓶のフタを山のように溜め込んでいた佐藤少年はバカみたいである。彼の机の中にはゴミ屑が詰まっているようなものだから——いや、「ようなもの」というより、それはゴミそのものである。そして実際の通貨の場合も、これと同じような現象が起きる。つまり、通貨が大量に市場に出回ると、貨幣の価値が下がるのだ。金やダイヤモンドも、人工的に安く大量に作れるようになると価値が下がる。

それから、1630年代のオランダでは、チューリップが投機の対象になっていた。オランダ人は、この花をステータスシンボルとして珍重していたのだが、それが、アムステルダム、ロッテルダム、ホールン、アルクマール、ライデンの取引所で相場がつけられるようになったのである。そして、それがどのくらいの価値を持っていたのかというと、例えば、「提督」と呼ばれる品種の球根は、なんと、一個が2500フロリン(約2900万円)相当の品物と交換された記録が残っているというのだから驚きである。

そして、高価な球根にまつわる話には、面白い実話がある。ある船乗りが初めてオランダに来たときに、絹商人からニシンの塩漬けをもらったのだが、彼は、ニシンと一緒にオニオンを食べるのが好きだったので、カウンターに置いてあったオニオンを、かってに持って行ってしまったのである。初めてオランダに来た彼としては、オニオンの1個くらい、持って行ってもとがめられることはないと思ったらしいが、そのオニオンは、「センパー・アウグストゥス」と呼ばれる最高級のもので、な

んと、当時のお金で 5500 フロリン(約 6500 万円)もしたのである。

絹商人は、カウンターから球根が消えたのに気がついてパニック状態になり、必死の思いで船乗りを探し出すのですが、とき既に遅く、球根は胃袋の中に入っており、船乗りは、そのまま投獄されたのでした。

その後、1937 年からチューリップ・バブルに対する警戒心が広がり、一気に球根の値段が下がりました。そして多くの人が、佐藤少年のようになってしまったのです。チューリップの球根を大量に仕入れていた人たちは、まさに、ゴミの山を抱えた状態になったのでした。

※ チューリップ・バブルに関しては、『相場を動かすブルの心理ベアの心理』(デービッド・コーエン著　椿正晴訳　主婦の友社)を参照。

◆『循環するマネー』のコントロール

第 1 章でも説明したように、市場でのマネーの動きは流体の運動に類似しており、予測困難なカオス的現象を引き起こします。したがって、ちょっとした原因が社会現象を巻き起こし、マネーの流れが大きく変動する場合があるのです。

それでは、その市場の予測不可能性に対応する有効な戦略にはどのようなものがあるのだろうか？　その戦略についての考察をこれから行っていくのですが、先ずは、市場における創発の循環システムについての考察をし、次に、創発の循環を利用した便乗商法システムや、創発型市場戦略(創発型商品戦略、創発型生産システム、etc.)などを紹介します。

輪廻する創発

　複雑系においては、創発が循環作用を生じさせます。例えば、個々の人間の相互作用によって会社という新たな組織が創発され、その新たに創発された組織には社風が創発されます。そして、その社風は個々の社員に影響を与え、その影響によって変化した個々の社員は、また新たな社風を創発するという循環を繰り返すのです。（下図参照）

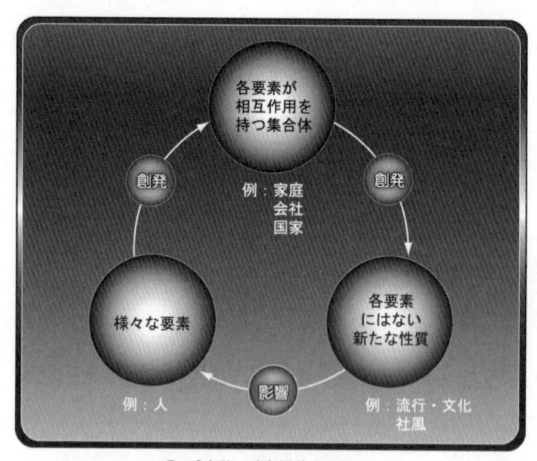

◎ 創発の循環作用 (1)

　創発の循環作用の代表例には、『収穫逓増（しゅうかくていぞう）』がありますが、収穫逓増とは読んで字のごとく、収穫が次第に増加する現象です。そして収穫逓増の有名な例には『VTRの規格競争』がありますが、松下陣営のVHS方式は、性能面において勝っていたソニーのBeta方式に、収穫逓増によって勝利したのです。

第5章 マネーゲームの科学

消費者が VTR を購入するときに考慮した要素は、

『性能』よりも『互換性』

にあったのですが、Beta 方式よりも先に市場に広まった VHS 方式の方が、互換性の面で優位に立つことができたので、それが勝因になったのです。つまり、周りの人たちが使用しているものと互換性のある VTR を購入した方が、ビデオテープの貸し借りなどができて便利なので、先に広まった方の VTR が優位になるのです。（下図参照）

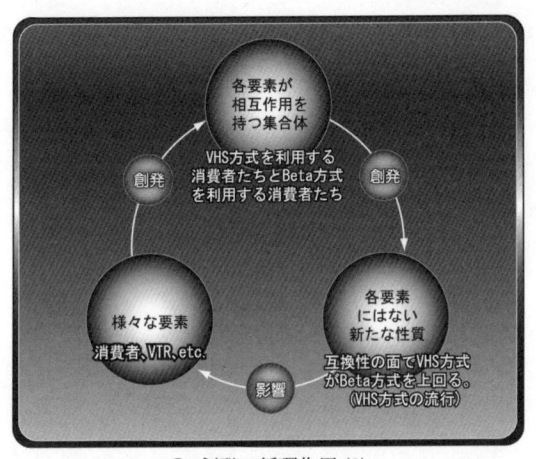

◎ 創発の循環作用 (2)

そして、VHS 方式の VTR が消費者の間で広まれば、レンタルビデオ店などでも VHS 方式のビデオを揃えるようになるので、さらに互換性の面で VHS 方式が優位になったのです。さらに、その優位性によって得た収益を企画開発費や宣伝広告費

にまわすことができるので、プラスの循環に拍車がかかります。同じような現象としては、WindowsとMacintoshの競争がありますが、VHS方式もWindowsも、共に、先に市場でのシェアを広めることに成功したので互換性の面で優位に立つことができたのです。

このように収穫逓増によって市場を占有する現象をロック・インと言いますが、特にハイテク市場においては、最初の僅かな差が時間の経過と共に拡大し、やがてロック・インされるという現象が生じやすいのです。

"最初の僅かな差が時間の経過と共に拡大する。"

これはまさに第1章で紹介したカオス的振る舞いであり、ここに、マーケティングにおける予測を困難にする要因があるのです。しかも、市場の変化には自由意志による気まぐれな選択が影響しているので、市場の動向を100パーセントの確率で予測することは不可能です。

市場の予測不可能性は、輪廻する創発の環の中に生じているのですが、人間などの個々の要素は局所的相互作用によって社会全体の性質を創発し、逆に社会全体の性質は、個々の要素間の局所的相互作用に影響を及ぼします。つまり、部分は全体を創発し、全体は部分に影響を与えるという循環を繰り返しているのです。

そしてこのような循環は、様々な社会問題にも影響を与えています。例えば、全体としての国際社会の性質が部分としてのテロリストを創発し、部分としてのテロリストは、テロ活動に

第5章　マネーゲームの科学

よって不安定な国際社会を作りだします。そして、不安定になった国際社会はテロリストに対して報復攻撃を行い、追い詰められたテロリストは、更なるテロ活動を展開するという循環を繰り返すのです。

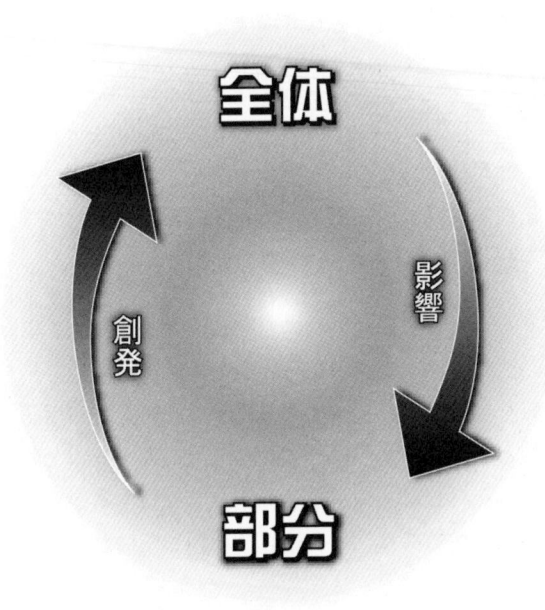

【 部分は全体を創発し、全体は部分に影響を与える循環 】

　部分と部分の間に生じる"局所的相互作用"にはシステム全体の情報（非局所的情報）が影響しているため、部分を全体から切り離して考えることは出来ません。

便乗商法の科学

　大ブームを巻き起こした『チーズはどこへ消えた？』という題のビジネス関連本は、企業での社員研修にも使われており、便乗商法による類似本も多く出版されました。そしてその便乗本の中に、『バターはどこへ溶けた？』という題の本があるのだが、装丁やページ数、そして構成までがそっくりであったため、『チーズはどこへ消えた？』の出版元から訴えられた。

　コンピュータ業界でも、ソーテックのeOneがアップルのiMacのデザインに似ているという理由で訴えられたが、なぜ、このような類似商品が市場に多く出まわるのか？　…というと、そこには**『経路依存性』**というものがあるからです。

　一度ある道具を選ぶと、次にも同じ道具を選んでしまう場合がある。そして、一度進み始めた道を止めて別の道でやり直すのは困難な場合があります。このような性質を経済用語では経路依存性というのですが、一度読んで気に入った本と同じような内容の本、もしくは関連するテーマを扱った本を買い求めるのも経路依存性であり、その性質を利用したのが便乗商法なのです。

　しかし、経路依存性を利用した商法の全てが便乗商法というわけではありません。例えば、消費者がVHS方式のVTRに経路依存することによって収穫逓増が生じましたが、これは、便乗商法とは異なるものです。それから、経路依存性を利用して本をヒットさせるためには様々な方法がありますが、その中に『ブロックバスター戦略』というものがあります。この戦略は、

様々なメディアを総動員して話題作りを集中的に行い、ベストセラー本を意図的に作り出すというものですが、ようするに、"内容の質"よりも"話題性"で売ってしまおうというものであり、話題性による経路依存性を作り出すものです。

しかし、この戦略は必ず上手くいくとはかぎりません。当たり外れの差が大きく、上手くいけば経路依存性を作り出すことに成功しますが、失敗すると巨額の宣伝費をドブに捨てることになります。そこで、既に大手企業が巨額の宣伝費をかけて経路依存性を作りあげた市場を利用すれば、リスクが少なくなります。ようするに、便乗商法のことです。

しかし、便乗商法が役に立たない場合もあります。例えば、マイクロソフトのウィンドウズがヒットしたからといって、ウィンドウズに似たOSを売ろうとしても、成功する可能性は極めて低いでしょう。何故ならば、そこには **排他的経路依存性** が **互換性** によって生じているからです。この排他的経路依存とは、特許や互換性などによって他社製品を市場から締め出してしまう現象ですが、前に紹介した『ロック・イン』も排他的経路依存性の一種です。

排他的経路依存性のあるところには同種の企画による便乗商法が生じません。つまり、ロック・インをした商品を持つ企業が一人勝ちするのです。そしてこのように書くと、市場においてロック・インをする商品を開発することに大きなメリットがあるように思うかもしれませんが、そのメリットの裏返しとして大きなリスクが伴います。

市場をロック・インするためには、オリジナル製品を他社よりも早く開発して市場に送り出す必要があるわけですが、そのためには、多くの場合、『巨額の調査費、開発費、広告・宣伝費』なども必要とされるのです。そしてロック・インに失敗すれば市場から締め出され、今までの投資が消えて無くなります。

　そして、市場が既にロック・インされている場合、よほどのことがない限り、同種の製品を市場に出しても勝ち目はあまりありません。そこで、関連商品を出すという方法があります。これも、ある意味での便乗商法と解釈することが可能ですが、例えば、ソニーのプレイステーションが市場でロック・インされた場合、そのプレイステーションで機能するソフトを開発するという方法があります。

　ところで、このロック・インや経路依存性を、さらに"科学的"に考察するとどうなるだろうか？　例えば、ルパート・シェルドレイク博士によって提唱された、『**形成的因果作用**』と呼ばれるものが存在するのだが、この作用は、形態形成場と呼ばれる"形の場"が形態共鳴という現象を起こして情報が伝達される作用のことである。

　何だかややこしい理論であるが、ようするに、様々な現象が共鳴作用によって広がるので、それが、経路依存性の生じる要因の一つになっているということである。

　この形成的因果作用の説によると、なんと、あなたの恋愛や職業の選択などにも形態共鳴が影響していることになるらしい…。例えば、あなたの先祖に浮気性の人がいた場合、その人の

浮気性という気質が"形の場"を形成し、その形の場が時空を超えて貴方と共鳴し始めるのである。

　つまり、形態共鳴によって貴方に浮気性の性質が受け継がれるのである。しかし、形成的因果作用が生じるには、ある条件が必要になります。その条件とは、"似たもの同士が共鳴する"ということなのですが、ようするに、ラジオやテレビが電波を受信するメカニズムと同じように、周波数が合わなければ共鳴作用は生じないということです。

　形成的因果作用は、物理的現象にも影響を及ぼします。例えば、グリセリンという物質は結晶することがなかったのですが、19世紀の初期に初めて結晶化の現象が現れました。そして、その後急激に、グリセリンの結晶化現象が世界各地で確認されるようになったのです。つまり、最初のグリセリンの結晶が"形の場"を形成し、その形の場が他のグリセリンと形態共鳴を起こしたということです。

　この形成的因果作用の仮説は、世界的に著名な物理学者であるデイビッド・ボーム博士によって支持されることになるのですが、その理由の一つは、この仮説が量子力学の分野における時空を超えた素粒子間の『**非局所的因果関係**』の概念に共通するものであることです。この時空を超えた非局所的因果関係は、アインシュタインたちが考案した『**EPRパラドックス**(※注釈)』と呼ばれるものとも関係しているのですが、テレパシーなどの時空を超えて生じる超常現象も、形成的因果作用や非局所的因果関係で説明可能であると考える科学者もいます。

※ **注釈【EPRパラドックス】**

　第2章で紹介した量子力学のコペンハーゲン解釈に対して否定的な考えを持っていたアインシュタインは、その解釈が不完全なものであることを明らかにするために、ニールス・ボーアを中心とする量子力学支持者に対して様々な難題を与えて攻撃しました。そして、その難題のなかで最も有名なものが、1935年に提案された『EPRパラドックス』と呼ばれる思考実験です。(「EPRパラドックス」のEPRは、発案者であるアインシュタイン、ポドルスキー、ローゼンの三人の頭文字からきています)

　量子力学によると、ある因果関係を持つ一組の素粒子は、いくらお互いに距離が離れていても、相関関係を持ち続けることになるのです。そして、その一組の素粒子を「双子の素粒子」と呼ぶことにしますが、この双子の素粒子は常に非局所的な関係にあり、片方の素粒子の情報が、もう片方の素粒子に瞬間的に伝わるのです。しかし、相対性理論によると光よりも早い情報の伝達は不可能であり矛盾が生じるので、アインシュタインたちは、その矛盾を指摘したのでした。そして、その矛盾がEPRパラドックスと呼ばれるものなのですが、EPRパラドックスは、量子力学を支持する学者たちを悩ませました。しかし、実験によって双子の素粒子の非局所的因果関係が証明されたのです。(しかし、このことによって相対性理論が否定されたことにはならないと考えられています)

　この非局所的因果関係は"意識場の理論"とも関係しており、心理学者のユングが提唱した『**共時性**』(シンクロニシティー)や『**集合的無意識**』などとも関係していると考えられています。ユングは、共時性と名付けた"意味のある偶然の一致"についてアインシュタインに話したところ、『**それはきわめて重要なことだから必ずその考えの発展を怠らないように**』と言われました。そしてその後、ユングは物理学者パウリの協力を得てアインシュタインの四次元時空に集合的無意識を結び付け、共時

性の理論的モデルを完成させたそうです。

このアインシュタインの四次元時空とは特殊相対性理論のことを意味していますが、ようするに、共時性という深層心理学の分野における仮説は、物理学との統合によって創発されたのです。その後、この共時性に関する研究は生物学者のルパート・シェルドレイクなどによって続けられ、さきほど紹介した『形成的因果作用』と呼ばれる説が登場したのです。

ところで、この『形成的因果作用』を考慮に入れてマーケティングを考察すると、様々な不思議現象の原因が見えてきます。例えば、貴方の会社のオリジナル製品をある地域の新聞広告に掲載した結果、予想以上の反応を得ることに成功したとします。しかし、月日の経過と共に商品が売れなくなってきたので、貴方は次のように考えました。『今まで手を付けていなかった地域にも新聞広告を出せば、また同じようにヒットするに違いない』。しかし、実際に広告を出してみると、今まで手を付けていなかった地域においても既に反応が低下しており、商品が売れないことが多いのです。つまり、流行は形成的因果作用によって様々な地域において同時進行し、同時に停滞するのです。したがって、成功した戦略は一気に全国展開した方が良いということになります。

創発型商品戦略

創発型商品とは、複数の異なる要素が組み合わされることによって生じる新たな付加価値を持った商品のことです。

そしてここで重要なのは、単に異なる要素を組み合わせれば良いというものではなく、組み合わされた要素間にプラス・アルファな価値を生み出す相互作用が必要だということです。

それでは先ず、組み合わせの失敗例から紹介することにしますが、例えば、相乗効果を期待しての銀行と保険会社の合併は、上手くいかないことが多いらしい。銀行と保険会社を合併した場合に期待される相乗効果の一つは、違った種類の商品を一緒に販売することによって、顧客に対するアピール度が増すというものであるが、ここには大きな落とし穴が存在する。

まず、人間は自分の苦手なことをやりたがらないというのが一つの落とし穴です。銀行員は、今まで自分たちが扱ってきた投資案件などを今まで通り顧客に薦め、合併することによって増えた新たな商品を売ろうとはしない。同じように、保険会社の人間も、自分が扱ってきた年金保険などの商品だけを売ろうとする。つまり、彼らは今までのやり方に"経路依存"しているため、新しいやり方を受け入れようとはしないのだ。

そして、顧客が自分の苦手とする商品に関する質問をしてきた場合、セールス担当は答えることが出来ず、顧客からの信用を失うことにもなる。信用を失えば自信を失い、営業意欲も衰えるという悪循環が始まる。さらに、全てのセールス担当が、

全ての商品に関する知識を完璧に身につけたとしても、商品のバリエーションが多すぎるため、顧客側が商品の複雑性に対して混乱してしまう可能性もある。

したがって、異なる要素を組み合わせる場合、顧客側からはシンプルに見えるようにする必要があるのです。

> ※ ゲーム理論のところでも説明しましたが、要素間の相互作用はシンプルであるのが理想であり、顧客と営業マンとの間に生じる相互作用もシンプルであることが理想なのです。そして、第3章でも説明したように、分裂化したものは複雑に見えるのに対して、統合化されたものは、多くの要素と複雑な機能を持っていても、見かけ上はシンプルに見えるのです。

それでは次に、テレビとビデオを合体させた『テレビデオ』の場合を考察してみることにしますが、このテレビデオというネーミングは、偉大なるコピーライター糸井重里氏によって創造されたらしい。そして結局、大ブームになることはなかったが、市場から消え失せたわけでもない。

まず、テレビデオにはテレビとビデオを接続させるための手間が省けるというメリットがあり、お年寄りにとっては親切設計な商品と言える。さらに、テレビとビデオを別々に購入するよりはスペースを取らないし、値段も安くなるので、スーパーなどでは商品の宣伝用ビデオテープを店内で見せるために重宝されている。したがって、ある程度の統合的性質はあると言えるのだが、何故、テレビデオは一般向けに大ヒットしなかったのだろうか?

何故ならば、『テレビデオ』には、『テレビ＋ビデオ』には真似のできない新たな機能が加わったわけではないからである。したがって、そういう意味では、これは単なる組み合わせ商品であると解釈できる。さらにテレビデオには、マイナスの要素が発生している。例えば、テレビデオのビデオ機能が故障すれば、テレビ機能とビデオ機能の両方を修理に出さなければならないし、片方の機能だけを買い換えることが出来ない。それから、テレビ部分とビデオ部分が切り離し可能であるならば、それぞれの部分において自分の好みに合わせた機能や価格を持つ商品を選択可能になるのだが、テレビデオの場合は、両方の機能を切り離すことが出来ないので、自分の好みに合わせたカスタマイズができない。これは致命的な欠点である。

（しかし、スーパーなどで宣伝ビデオを見せるだけのために使用する場合は必要最小限の機能があれば十分なので、わざわざカスタマイズする必要はない。また、高度な機能を使いこなせないお年寄りなどの場合も、テレビデオの方が逆にカスタマイズの手間が省けて助かるということもある）

　創発型商品には電子手帳のザウルスがあります。ザウルスには、電子メールやインターネットなどの機能が組み込まれることによって、新たな付加価値が創発されているのですが、例えば、インターネット機能を手軽に持ち運べるという便利さがあります。そして、キーボード機能が統合されていることも人気の原因となっているのですが、キーボード機能を統合させた理由は、携帯電話での電子メールが普及していることと関係しています。つまり、

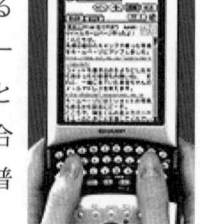

携帯電話で電子メールを送る場合に、小さなキーを押して文字入力をするわけですが、その方式に対しての経路依存性が市場に広まっていたということなのです。

　ところで、キーボードの配列も経路依存性の代表例といえます。現在使用されているQWERTY配列と呼ばれるキーボードの配列は、1873年に、クリストファー・スコールズによって考案されたものですが、実を言うと、この配列はあまり理想的な配列ではない。当時のタイプライターは、早く打ちすぎると動かなくなる現象があったので、タイピストの入力スピードを意図的に遅くするために、QWERTY配列が採用されたのです。しかし、タイピング・スピードを意図的に遅くする必要がなくなった現在においても、QWERTY配列が用いられている。何故ならば、皆がその方式に経路依存しているためです。したがって、ビデオテープの方式の時にもそうでしたが、必ずしもベストな技術が市場で生き残るとは限らないのです。

　それでは、創発型商品の話に戻りますが、幾つかの要素を組み合わせて新たな付加価値を生み出しているものには様々なものがあります。例えば、『亜院朱田印 - 陰陽師』も、『アインシュタイン』と『陰陽師』の統合によって創発された物語であり、デジカメと携帯電話を統合させた『写メール』や、大成功を収めた「イチロー」＋「大リーグ」も創発型商品の一例といえます。そして、創発型商品が開発されると、単独の機能しか持たない従来型の商品は淘汰されることもあるのですが、「イチロー」＋「大リーグ」の効果によって、日本のプロ野球人気は急激に低下しました。

それから、ありふれた商品でも、カッコいいネーミングを統合させれば創発的効果が生じ、売れ行きが大きく向上する場合があります。例えば、NTTのサービスに『スーパーケンタくん』や『しゃべリッチ』などの名称があるが、NTTの企画担当者は、ネーミングの影響力を認識していたので、このような変わった名称をつけたのでしょう。

　『しゃべリッチ』というネーミングは、それだけで創発的になっている。『しゃべる』＋『リッチ』＝『しゃべリッチ』で、電話をかけるとリッチになれるというイメージを顧客に植え付ける高度な戦略だ。しかしよく考えてみると、顧客側としてみれば、そんな奇妙な言葉の組み合わせには大して魅力を感じないかもしれない。実際問題として、これらのネーミングがプラスに働いているかどうかは疑問である。

　「スーパーケンタくん」や「しゃべリッチ」というネーミングは親しみやすくて印象に残りやすいが、カッコよくはない。例えば、電話をかけてサービスを申し込むときに、

『スーパーケンタくんに加入したいのですが…』

というのは恥ずかしい。『しゃべリッチ』にしても同じことだ。やはり、お客さんに恥ずかしい思いをさせるのは良くない。私は『しゃべリッチ』と言うのが恥ずかしくて、そのサービスに加入できなかった…というのは冗談だが、お客さんは感情を持っているということを、よく認識しておくべきだ。つまり、**感情マーケティング**が重要なのである。

　例えば、女性には一人で牛丼屋に入るのを恥ずかしがる傾向

があるのですが、そのことを十分に認識していた企業家は、ある工夫をしました。牛丼のどんぶりと女性のイメージは合わないので、牛丼を盛るのにどんぶりを使わず、オシャレな紙のパッケージを使うなどの工夫を施したのです。これは、見た感じとしては、サンドイッチを食べている雰囲気ともいえます。

つまり、「牛」と「丼」の組み合わせから創発されるイメージは男性的であるため、「牛」と「紙パッケージ」という新たな組み合わせに変えることによって、今までとは違った女性的でおしゃれなイメージを創発させたのである。

このように創発的アイディアには、今まで何とも組み合わされていなかった要素同士を組み合わせることだけではなく、既に何かと組み合わされているものを切り離して、新たに別の要素と組み合わせる方法もあるのです。

つまり、"組み合わせを変える"という方法も、創発的統合のバリエーションを増やす一つのコツなのです。

ところで、アインシュタインが挑戦した統一場理論の完成は失敗に終わりましたが、その理由の一つは、第4章でも説明したように、統合の組み合わせにありました。アインシュタインは、宇宙に存在する『四つの根源的フォース』の統合に挑むとき、最初に重力と電磁気力を統合させようとしたのですが、実は、電磁気力と弱い力の統合を最初に行う必要があったのです。そしてこのように、統合の組み合わせというのは非常に重要なものなのです。

アインシュタインの市場戦略

　はたして、アインシュタインが 21 世紀に甦って実業家になったとしたら、その優秀な頭脳を活かして成功する可能性は高いのだろうか？　はたして、物理学的センスと市場戦略的センスとは同じものなのだろうか？

　実は、物理学者で実業家として活躍している人は意外と多いらしい。例えば、全米で 250 万部の売上げを記録した『The Goal』というビジネス書は、エリヤフ・ゴールドラットというイスラエルの物理学者によって書かれたものであるが、彼は、物理学で身につけた発想力や知識を活かして、経営に関する様々な問題解決に成功したらしい。

　そして、アメリカ・テクノロジー界の栄誉である「ナショナル・メダル・オブ・テクノロジー」をクリントン大統領から授与されたレイ・カーツワイルも、物理学的センスを活かして企業家として多大な成功を収めている。また、複雑系の研究をしている経済学者たちは、物理学者たちから経済学に必要な知識を学んでいるのである。

　しかし、やはり物理学的知識やセンスだけでは、企業家として成功するのは困難であろう。また、物理学と経営の両方の知識を持っているだけでも成功するとは限らない。物理学的発想力や知識を経営に活かすには、物理学と経営との間に意味のある相互作用を見出し、新たな市場戦略を発明できるような創発力が必要なのだ。

第5章　マネーゲームの科学

　ところで、「アインシュタインのイメージ」と「ビジネス」を統合させた『アインシュタインの市場戦略』という創発型タイトルの本を企画してみるのも面白いだろう。アインシュタインの名をタイトルにした本は多くあるが、それらのほとんどは、物理学をテーマにしたものや、アインシュタインの生い立ちが書かれたものである。そこで、アインシュタインと市場戦略を結びつけることによって、今までにない面白い効果が創発されるのである。

　例えばその本は、ビジネス書のコーナーにも置かれることになると思うが、明らかに読者の目を惹くことになる。何故ならば、人間の脳は当たり前の現象を無視して、異質なものを素早く見つけるようにプログラムされているからである。「アインシュタイン」という名前は、ビジネス・コーナーに置かれると異質に感じる。例えば、海水パンツをはいてプールで泳いでいる人を見ても異質には感じないが、銭湯で海水パンツをはいている人がいれば異質に感じるのと同じ原理であると考えてもらいたい。（本書も、ビジネス書コーナーにも置かれることになるだろう）

　『アインシュタインが物理学者を辞めて実業家になったとしたら？』そんなイメージが、人々の好奇心を駆り立てるのである。彼が21世紀に輪廻転生してきて、奇想天外な市場戦略を繰り広げるというユニークな内容の小説を書けば、映画化される可能性もある…かな？

創発型生産システム

　第3章の「フラクタル進化論」のところで、科学の進化過程について解説をしましたが、工場の製造工程においても、科学の発展と同じような変化が起きています。科学の世界では、始めに**"分裂化"**の方向性が働いて様々な研究分野が誕生し、現代ではそれらの研究分野を**"統合"**する方向性が模索されています。そして工場の場合も、従来の製造工程においては**"分業"**体制による少品種大量生産が主流になる方向性にあったのですが、現在では**"統合"**された技能を持つ多能工体制による多品種少量生産が注目されてきているのです。

　分業体制の場合、それぞれの工員の作業効率が違うため、製造ラインのいたるところに仕掛りの山が出来てしまいます。したがって、市場のニーズに合わせてモデル・チェンジをするときにも、その大量の仕掛りの山を全て完成品にするまで、新型のモデルを工程に流すことが出来なくなります。そして、これが致命的な悪循環をもたらすことになるのです。

　結局、仕掛りの山を完成品にしても、流行遅れのために在庫となって工場の倉庫に山積みされ、無駄な管理費を支出することになります。そして、その売れない完成品を作るために無駄な労力と時間を捨てることにもなります。さらに致命的なのは、売れない製品が完成するまでは、売れ筋の新型モデルを工場の工程に流せないために商機を逸し、新たな在庫の山を抱えることになるのです。そこで登場したのが、

『分業されていた様々な種類の作業を一つに統合する手法』

第5章 マネーゲームの科学

です。例えば、ソニー、トヨタ、キヤノンなどの工場に改革をもたらした山田氏は、創発思考によって一人屋台生産システムを確立させたのですが、このシステムは、今まで分業化していた作業を統合し、一つの製品を一人で組み立ててしまうものなのです。例えば、携帯電話やFAXマシーンなどをたった一人で組み立ててしまうのですが、この手法は、明らかに過去の常識に反したやり方であり、非効率的に思えるかもしれません。しかし、実際に効果を上げているのです。

例えば、鳥取サンヨー電機を例にとった場合、その工場では携帯電話を製造しているのですが、分業体制を採用していたために製造ラインのいたるところに仕掛りの山が出来上がっていました。そこで、先ほど紹介した山田氏に工場改革の依頼が舞い込み、一人屋台生産システムが導入されたのです。しかし、今までのやり方に経路依存している工員や現場の責任者の意識を改革することは容易ではありません。最初は抵抗が生じ、効率が低下します。経路依存している者が新たな道を選択するには、多くの苦労が伴うのです。

分業体制を多能工体制に切り替えれば、今まで一つの仕事だけをこなしていれば良かったのが、数倍の仕事内容を覚える必要が生じ、最初のうちは、かえって仕事効率が低下します。しかし、一旦仕事内容をマスターすると、分業体制の時よりも効率が上がるという"奇跡"が起こるのです。これは、明らかに過去の常識では理解できない現象であるため、現場経験の長い人ほど驚きます。つまり、過去の経験が、かえって固定観念を作ってしまい、変化に対応することを難しくしているのです。

鳥取サンヨー電機の場合では、山田氏を頂点とする工場改革チームが結成され、工場改革に挑んだのですが、やはり、最初は現場の責任者である課長の抵抗にあいました。さらに、生産システムを変えたのが原因で、最初は、かえって生産効率が悪化したのです。しかし、工員たちが多能工としての仕事をマスターすると、今までよりも仕事効率が上昇するという奇跡が起きたのです。それでは、その奇跡の原因は何だろうか？

　まず、個々の工員は、仕事の流れの全体性を把握することによって、様々な工程間の"相互作用"を把握できるようになります。そして、今まで見えなかった要素間の相互作用が見えてくることによって、創発的視点から物事を考察することが可能になり、様々なアイディアを生み出せるようになるのです。つまり、第３章で説明した『**創発的創造**』ができるようになるのです。さらに、一人屋台生産方式の場合、様々な創意工夫を自分の仕事に即座に反映させることが出来るようになるので、仕事に対する遣り甲斐が増します。そして、例えばキヤノンの場合、優秀な多能工に対して『マイスター』の称号を与えるのですが、マイスターたちは、一人で全ての工程をこなすことによって仕事に対する強い達成感を感じることが出来るのです。

　多能工システムのメリットは、生産ラインの仕掛りが無くなるという画期的な現象としても現れ、素早いモデル・チェンジや少量の注文にも対応できるようになります。そして、この変化の時代に対応する生産システムを目の当たりに見る"経験者"たちは、『いったい、今までの考えはなんであったのであろう？』という驚きの感想を漏らします。

第5章 マネーゲームの科学

◆ 生産システムの進化過程

それではここで、生産システムにおける進化過程の概要を、第3章で紹介した『複雑系進化ダイアグラム』を用いて簡単に説明しておきましょう。(下図参照)

まず、大量生産システムが導入される以前の時代には、一つの商品は一人の職人によって完成されていました。つまり生産システムは最も単純な状態にあったのです(図の右下)。ところが、世の中の複雑化が進むと、分業生産システムが導入されるようになり、様々な作業工程へと分裂化が進行しました。

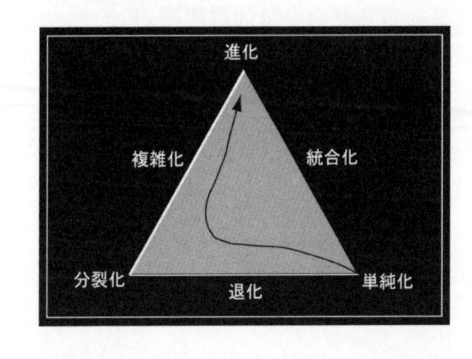

しかし、複雑化が進むことによって統合化の必要性が生じます。つまり、分裂化された作業工程を統合し、再び一つの商品が一人の人間によって完成されるようになるのです(図の中央上)。しかしこれは、以前の"単純"な状態に戻ったわけではありません。何故ならば、商品そのものの機能の多様性は以前よりも増しているからです。そして、昔のシステムでは、たった一人で複雑なメカニズムを持つ商品を作り上げることは困難であったでしょう。

機能統合型組織

　創発型の進化は、製造工程だけにもたらされているわけではありません。例えば、大企業の再建支援を専門に活躍している三枝匡(さえぐさただし)氏は、『企画⇒製造⇒販売』の流れを全て統合させた**一気通貫組織**(機能統合型組織)のメリットを提唱しており、今まで機能別に分裂されていた組織を機能統合型組織に進化させることによって、多くの企業を甦らせています。

（『V字回復の経営』三枝匡著　日本経済新聞社　参照）

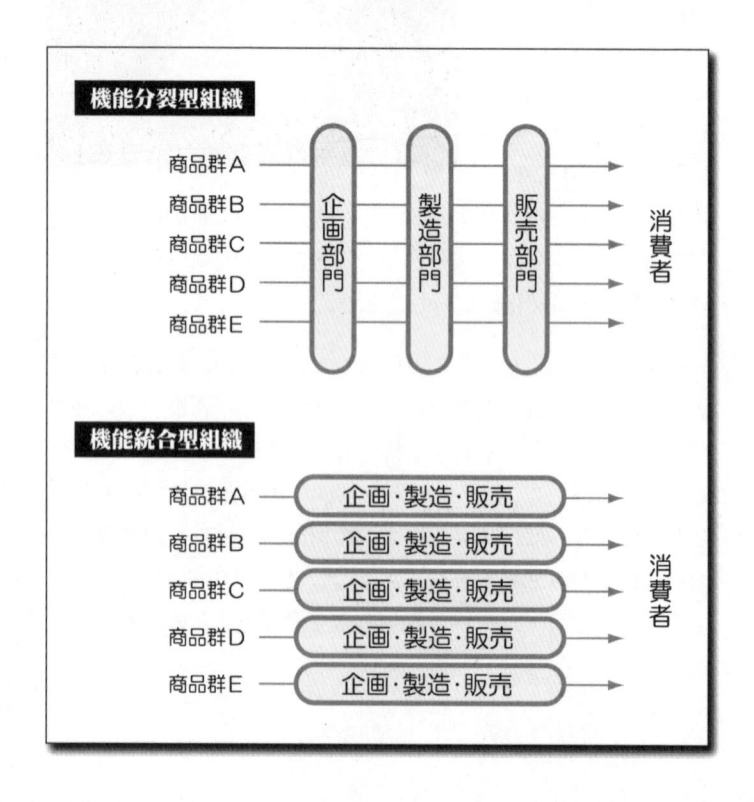

機能分裂型組織

商品群A ─┐
商品群B ─┤
商品群C ─┼─ 企画部門 → 製造部門 → 販売部門 → 消費者
商品群D ─┤
商品群E ─┘

機能統合型組織

商品群A ─ 企画・製造・販売 →
商品群B ─ 企画・製造・販売 →
商品群C ─ 企画・製造・販売 → 消費者
商品群D ─ 企画・製造・販売 →
商品群E ─ 企画・製造・販売 →

前ページの図にあるように、機能分裂型では、組織が企画部門、製造部門、販売部門に分裂されており、それぞれの部門ごとに統括責任者が存在します。しかし機能統合型では、それらの部門が各商品群ごとに統合されており、商品群ごとの統括責任者が存在します。

機能統合型組織では、商品群ごとに分けられたそれぞれのチームの中に**"プロセスの全体性"**が包含されているので、従業員の多能工化も可能になり、作業効率が上がります。そして、各チームのリーダーは、プロセス全体の相互作用を把握することによって、創発的発想をするようになります。

さらに、各チームの構成メンバーは、機能分裂型組織のときと比較して縮小するので、情報の伝達が早くなり、意思決定も素早くなされるようになります。そして、各チームごとに独自のアイディアを仕事に反映させることが可能になり、成功したアイディアは、他のチームと共有することも出来ます。そしてそのことによって、社員のやる気と相乗効果が増すのです。

機能分裂型の場合は、各商品群ごとの利益や責任の所在が明確でないので、ゲーム理論のところで紹介した**『共有地の悲劇』**が生じやすくなるのですが、機能統合型の場合は、各商品群ごとの利益や責任者が明確になり、ポジティブな競争原理も働きます。

ところで、複雑化が増す現代社会において、機能の統合化が行われない企業の未来はどうなるのだろうか…？

改革と抵抗

　改革を行おうとすると、必ずといってよいほど抵抗勢力が現れることになりますが、その原因の一つは"経路依存性"です。つまり、今までのやり方に経路依存しているため、新しい方法を拒絶する存在が現れるのです。

　経路依存が生じる理由は、『新しい方法をマスターするのが面倒くさい』『新しい方法など上手くいくはずがないと思っている』『新しい方法が上手くいくと自分の立場が危うくなる』などがありますが、最後の『新しい方法が上手くいくと自分の立場が危うくなる』が一番大きな障壁となります。何故ならば、貴方の提示した解決策が有効であればあるほど、彼らはあからさまな抵抗をしてくるからです。

　相手の立場が危うくなる理由は、ゲームのルールがゼロサム的になっているからであり、貴方の解決策が、結果的に相手の問題点を指摘することになってしまう場合があるからです。しかしそれでは、どのようにすれば改革を上手く推し進めていくことができるのでしょうか？

　大抵の場合、有能でカリスマ性を持った人間が先導して改革を行うと上手くいく可能性が高まります。しかし、ここである疑問が生じるかもしれない。ゲーム理論の解説のところでは、トップ・ダウン的な組織は好ましくないという話をしたのに、カリスマ性を持った人間が先導したのでは、トップ・ダウン的な組織になってしまうのでは？…という疑問です。

　しかし、**『改革期と平常時とは違う』**ということを把握して

おく必要があります。改革期とは、第3章で紹介した"相転移"の生じる時期を意味しますが、組織を理想的な方向に相転移させるには、それを先導する有能な人間が必要なのです。

例えば、小泉という名の経営コンサルタントが日本株式会社に乗り込んで構造改革をしようとした場合、そこに反対勢力が現れます。そしてこの場合、小泉さんに実際的能力や先導力、そしてカリスマ的人気があれば、その改革が成功する確率が高まります。そして、改革が成功した後は、カリスマ性は必要なくなるのです…というよりも、カリスマ性は、かえって組織のために邪魔になる場合があります。

これは、ゲーム理論のところで紹介したコンピュータによるメダカの群れのシミュレーションの場合にも当てはまります。メダカ同士の相互作用を規定するプログラムの内容を理想的なものに変えたのは、一人のプログラマーによるトップ・ダウン的な行動（プログラミング）ですが、プログラムの書き換え作業が終了すれば、プログラマーは必要なくなります。といっても、改革はフラクタル的（定期的）に必要になるので、トップ・ダウン的指導力の発揮も、定期的に必要になるでしょう。

それから、中途半端な改革は、かえって害をもたらす場合があるので、量子飛躍的に一気に進める必要があります。これは、第3章の『量子的進化』のところで説明した生命体の進化過程と同じことです。例えば、前肢が翼に進化する場合、半分だけの翼では適応価値がなく、役に立ちません。半分だけの翼では、走ることも飛ぶこともできないので、他の生物の餌食になってしまいます。そして、相互作用によって成り立っている複雑系

社会においては全体のバランスが重要なので、部分的に改良しただけでは、かえって悪影響が出る場合もあるのです。

例えば、生産能力が十分ではないのに販売能力を強化しても、意味が無いどころか納期が遅れて信用をなくすことになります。逆に、販売能力が十分ではないのに生産能力を上げるための投資をしても、意味がないどころか在庫を抱えて苦しむことになります。ですから、

改革期に求められるのは、全体的な量子飛躍的勢いです！

構造改革

そして、日産自動車を赤字会社から甦らせたカルロス・ゴーン氏も、短期間でリバイバルプランを実行し、皆を驚かせましたが、予測不可能性が高まる現代社会において、小泉首相主導による構造改革の方は上手くいくのでしょうか？　田中真紀子外務大臣を更迭して支持率が急落した小泉首相は言いました…

『一寸先は闇だ』…と。

ところで、量子力学を専門とする理論物理学者から臨床心理学者に転向したアーノルド・ミンデル氏は、プロセス指向心理学の創始者として世界的に著名であるが、彼は、『**物事が改革によって十分な変化を遂げなかった場合、革命が起こる**』と主張している。革命は改革よりもはるかに強烈な変化をもたらし、政治や経済の構造が劇的に変容することになるのだが、この革命に密接に関係してくるのがテロリズムである。

しかし、このテロリズムの発生原因はいったい何なのだろうか？　世の中には様々な価値観を持った文化や宗教組織などが存在するが、その異なる価値観によって生じるコミュニケーション様式の違いが精神的ストレスをもたらし、革命のプロセスにおいて生じるテロリズムの原因にもなるのです。

『犯罪学や精神病理学では、一般的に、復讐行為の原因を「犯罪者」の個人的な生育史に見出そうとする。私は、このような見方を変更し、反社会的な行為をそれが起こった地域の社会的な文脈において理解することを勧めたい』（『紛争の心理学（原題 Sitting in the Fire）』アーノルド・ミンデル 著　永沢哲 監修　青木聡 訳　講談社現代新書）

つまりミンデルは、テロリストなどの発生原因が一個人や一集団という"単一な要素"にあると考えるのではなく、"様々な要素間に生じる相互作用"によって**創発的に発生する**と述べているのです。そして彼は、そのような問題を解決するために、プロセス指向心理学を人間集団に用いた**"ワールドワーク"**と呼ばれる実践的テクニックを開発したのです。

ワールドワーク

◆ 感情の衝突

　感情が原因で生じるトラブルは、経済(マネーゲーム)の分野にも大きな影響を及ぼすことになるが、そのトラブルに対する解決策を見出すのに用いられるのがワールドワークです。そして、ワールドワークにおいて先導的役わりを果たすスペシャリストをワールドワーカーと呼ぶのですが、ワールドワーカーは、都市問題・民族紛争・組織の財政的な問題などを解決するために、世界各地において活躍しています。

　このワークには、あらゆる社会階層の人々が集まるのですが、例えば、ロサンジェルスのコンプトンで行われた地域問題をテーマにしたワークの場合、コンプトンの住民、役人、牧師、ホームレス、前科者、ギャングのメンバーなど、約百五十人が参加し、肯定的な結果を導くことに成功しました。(詳細に関しては、アーノルド・ミンデル著の『紛争の心理学』講談社現代新書 を参照してください)

　感情問題から生じる衝突や混乱こそが最もエキサイティングな教師だとみなされ、ワールドワークにおいては、衝突や混乱を避けるのではなく、積極的に表面化させていく道を選択します。しかしミンデルは、テロ活動などを積極的に行うことを奨励しているのではなく、そのような悲惨なトラブルを回避するために、ワールドワークにおける"対話による衝突"から解決策を学ぶことを勧めているのです。そして、前に紹介した企業再建のプロフェッショナルである三枝匡氏も、次のようにコメントしています。

第5章　マネーゲームの科学

　激しい議論は、成長企業の社内ではよく見られるが、沈滞企業では大人気ないと思われている。　（『V字回復の経営』三枝匡著）

　感情的トラブルの初期段階で衝突や混乱を避けて抑圧してしまうと"気づき(realization)"が妨げられ、企業の場合は倒産し、国際社会の場合は、テロ事件など、やがて取り返しのつかない惨事が起きる可能性が高まります。逆に、衝突や混乱を生じさせている**"相互作用"**を初期の段階で積極的に体験して認識すれば、そのことによって新たな視点や解決策を発見し、テロリズムに使われようとしているエネルギーを、建設的な方向性に変換させることも可能になります。

　テロリズムは、文化変容の必要性がありながら、それが妨げられているときの時代精神である。（『紛争の心理学』アーノルド・ミンデル著）

　マーケティング理論においても、感情という要素が重視され始めているという話を前にしたが、ワールドワークにおいては、嫉妬、傷つき、怒りなどの感情的プロセスを重視します。何故ならば、ある問題を解決しようとする場合、感情という要素をなおざりにして"合理的"で"正しい"解決策を優先しようとすると、かえって問題解決から遠ざかり、実際には非合理的になってしまうケースが多々あるからです。したがって、真の合理性を追求するためには、感情という要素を重視する必要があり、衝突や混乱をあえて避けないことによって、潜在化している感情からのメッセージを顕在化させる必要があるのです。

◆『ダブルシグナル』と『影の投影』

　抑圧された感情や思想などは、『**ダブルシグナル**』として表現されることがあるのですが、ダブルシグナルとは、同時に発信される２つの異なるメッセージ（意図的なメッセージと隠されたメッセージ）のことです。例えば、怒りを抑えて喜びを表現しようとするとダブルシグナルが発信される可能性がありますが、その場合、意図的な**第１シグナル**は作られた笑顔であり、隠された(抑圧された)感情を表す**第２シグナル**は、固く握られた震える拳(こぶし)であったりします。

　ダブルシグナルを発信している本人は、そのことに対して無自覚であることが多いのですが、ワールドワークにおいては、ダブルシグナルの自覚を促進させることに重点をおきます。そして、第１シグナルが意図的なものであるのに対して第２シグナルが無自覚的なものである理由は、第２シグナルの原因が、自己にとって認めたくない現実である場合が多いからです。例えば、『**合衆国は、自らを民主国家とし、平等や善意を一次シグナルとしている。しかし、二次シグナルは別のことを物語っている**』とミンデルは言います。『**合衆国を独裁的で権威的な国家として体験している国々もあるのだ**』

　そして、第２シグナルの内容は、相手に投影される場合が多々あります。例えば、『落ち着きなさい！』と叫んでいる本人が一番興奮している場合、投影が起きていると考えられます。つまり、「自分は平常心を保つのが苦手だ」という現実を認めたくないので、そのような性質を、自分以外の第三者の性質として認識してしまうのです。

何かに対して強い怒りの感情が伴う場合、その人の深層心理には強く抑圧されたものが在ると推測できますが、その怒りの対象は、その人の抑圧された影の部分です。つまり、自分自身の認めたくない部分を影として相手に投影しており、そのことに対して本人が自覚していないのです。

例えば、小さい頃から『あなたは女の子なんだから…』というメッセージを押し付けられて育った女性には、男性の持つ権威に対して怒りの感情を持つ傾向があります。そして、抑圧された怒りを発散させるために、権威に対して反乱を起こすことになるのですが、そのことによって、逆に権威に対抗する自分自身の方が権威的になっていることに気づこうとしません。

そして権威的な力を行使すると、そのことに対して快感を得る場合があるのですが、自分が強い嫌悪感を持っている権威の力というものを、自分自身が行使して快感を味わっているという現実を認めたくないので、その事実を潜在意識レベルに抑圧し、相手に投影させてしまうことがよくあります。そして、無意識の領域（潜在意識）に抑圧されたものを意識的にコントロールすることは出来ない為、その怒りはヒステリックなものとなります。

例えば、国会中継において、ある女性議員が小泉首相に対し、『総理は、「男ならば…でなければならない」という表現を多用しているが、それは、女性の方は劣っているから構わないということを意味しており、私はとても腹が立つ』という内容のことを、とても感情的になって発言していました。つまり彼女は、男性の持つ権威を批判していたのですが、その発言姿勢は威圧的で、

とても権威的になっていたのです。このように、もし、あなたが日常生活において、何かに対して強い怒りを感じているとしたら、その怒りの原因を冷静になって、よく見つめてみると良いかもしれません。

◆ 多様性の認識

我々の存在する相対次元には絶対的なものは無いという話は第2章の不完全性定理の解説のところでしましたが、絶対が否定されることによって、相対的解釈（価値観や視点）の可能的無限（多様性）が創発されます。例えば、善悪という概念も相対的なものであるため、ある集団においては善と見なされるものが、他の集団では悪と定義づけられる場合もあります。逆に、相対的解釈をする人間のいない自然界には、善も悪も存在しません。

自然は真実の蛙と虚偽の蛙を生むわけでも、貞淑な木とみだらな木を生むわけでも、正しい海とまちがった海を生むわけでもない。自然のなかには道徳的な山と非道徳的な山は見当たらない。（中略）自然は絶対に謝らないとソローは語った。自然は正誤の対立を知らず、そのために人間が、「まちがい」と思うことを認知しないからである。（『無境界（原題 No Boundary）』ケン・ウィルバー著　吉福伸逸訳 平河出版社）

このように、自然界には客観的（絶対的）な善悪と言うものは存在しないのです。したがって、ワールドワークにおいては、価値観の多様性を認め、絶対的な真実ではなく、相対的に変化する体験や認識に意味があると考えます。人間の多様性には、人種、性別、世代、霊性のレベル、社会的階級、教育レベル、

文化の違いなど様々なものがありますが、ワールドワークにおいては、このような人間の多様性が尊重されます。したがって、『人々はこのように振る舞うべきだ』という一つの固定された認識(思想)を押し付けることをしません。思想の押し付けは、弱者の意見を抑圧し、テロリズムの原因ともなるのです。

西洋諸国で発展した政治学は、"グローバルスタンダード"などの政策によってよそ者を同化させ、"統合"することを迫るが、それは、真の意味での統合ではない。第3章の複雑系進化ダイアグラムのところでも説明しましたが、多様性を無くす同化への道は単純思考的発想から生じるものであるのに対して、真の統合思考(創発思考)は多様性を尊重し、異なる様々な要素間に調和的相互作用を生じさせるのです。したがって、ワールドワークにおいては、人間の多様性によって生じる差異を認め、すべての人が同じであるというような単純な考えを持たないという認識を重視します。

そして、多様性を生み出している要素の一つに"ランク"というものがありますが、ワールドワークにおいては、このランクの存在を自覚することにも重点がおかれます。ランクとは、『社会的地位』、『生まれつきの資質(性別など)』、そして『様々な体験から得た知識や能力』などの相違によって生じる力の差のことですが、例えば、今の社会制度では、一般的に女性よりも男性の方が高いランクを持っています。しかし、このランクは相対的に変化するものであり、絶対的な基準ではありません。

ランクにも様々な種類があるのですが、例えば心理的ランクの低い人は劣等感や不安感を抱きやすく、一時的な感情で混乱

したりするのに対して、心理的ランクの高い人は客観的で落ち着いています。そして、霊的ランクや心理的ランクの高い人と、それらのランクの低い人との間ではトラブルが生じる場合があるのですが、ミンデルは、そのことについて次のような例を紹介しています。

　（霊的ランクの高い人は、他の人々を悩ませている心配事から自由になれるので）人々は自分の問題を本当にこの人（霊的ランクの高い人）に共感してもらえるだろうか、と疑うだろう。あなた（霊的ランクの高い人）は冷ややかな人だと思われてしまうかもしれない。（中略）数年前に、困難な時を迎えた夫婦とワークしたことを思い出す。（中略）夫は、「ほら、彼女は俺のことなんてどうでもいいんだ！　彼女はいつも偉そうにしている」と叫んだ。「そうじゃないわ」と彼女は静かに答えた。はじめ私は、彼女が単に「冷静」を装ってるだけだと考えていた。しかし後に、彼女が霊性の力を持っているにもかかわらず、それを自覚しないで用いていることを理解した。それが夫に、構ってくれないと思わせたのである。（中略）ランクの無自覚な使用は、他者の問題に対する無関心として現れる。先述の例では、妻の霊的ランクは、夫の体験に関心を示さないこととして現れていた。（中略）心理的ランクを得た人々は、他人の苦難に対して、「それはたいしたことないよ。私なんて……」と反応してしまいがちである。

（『紛争の心理学』アーノルド・ミンデル著）

　このように、ランクの相違はトラブルの原因となる場合があるのだが、ワールドワークにおいては、ランクを無くすことを目的とせず、ランクの存在や多様性をありのままに認識することを学びます。しかしそれでは、先ほどの夫婦間に生じたトラブルを解決するには、ランクの認識がどのように役立ったのだろうか？

まず夫の方は、妻の霊的ランクの高さを認めることによって、妻の冷静な対応が、夫に対する愛情が冷めたことを意味するものではないことを認識することができます。そして妻の方は、夫の霊的ランクの低さを許容し、言葉や態度による愛情表現を与える必要性などを悟ります。

ワールドワークにおいては、多様性をありのままに認めるので、反差別主義も称賛されません。反差別主義は、結果的に偏見の潜在化を進めることになってしまうのです。したがって、偏見を抑圧するのをやめ、互いに語り合うことのなかった差別的な視点についても意識的にフォーカスすることが重視されるのです。そして、そのことによって抑圧された思想や感情が表に現れ、コミュニケーションの質が表面的なものから、より深いものへと変容していきます。したがって、前にも述べたように、ワールドワークにおいては感情表現から生じる衝突や混乱をなくすことを目的とするのではなく、逆に衝突のプロセスから多くの気づきを得ることに価値を見出すのです。

◆『強者の立場』と『弱者の立場』

弱者が追い詰められるとテロ行為を働く可能性が高まりますが、テロ行為の"成功"には中毒性があると言われています。何故ならば、テロ行為によって、弱者の立場にあった存在が、ある意味においての"強者"に変身することができ、それと同時に抑圧されていた感情を発散させることができるからです。そして、アーノルド・ミンデルは、テロリズムの中毒性について、次のように言及しています。

ある特定の不正について個人に復讐していたはずが、あっという間に、すべてのことについてみんなに復讐するようになってしまうのである。こうしてテロリストはやりすぎ、自分が闘おうとしていた問題そのものになってしまう。権力の無自覚な乱用を犯してしまうのである。（中略）文化の不正を正そうという熱意を持つ人が、威圧的かつ非寛容的になり、（中略）世界を変えようとする熱意は、あらゆる種類の権力の乱用を招きうる。

(『紛争の心理学』アーノルド・ミンデル著)

　このような現象は、国会中継などでも見ることが出来ます。例えば野党議員たちは、ある意味での弱者、もしくは弱者の代弁者と見なされることがありますが、弱者である野党議員の中には、権威に立ち向かうことが中毒(生き甲斐)のようになっている人がいるのです。彼、もしくは彼女の"正義感"の矛先は、首相や他の与党議員などに向けられ、感情的な攻撃が始まります。そして、自らを"弱者の味方"として配役し、自分に対立する相手には"権力の乱用者"としてのレッテルを貼ります。そして、このようなシチュエーションに対して本人は無自覚である場合が多いのですが、このような行為が、前に紹介したダブルシグナルと呼ばれるものを発しているのです。第1シグナルは権力者に対する抗議の言葉であり、第2シグナルは、野党としての立場を利用した無自覚な権力の行使です。

　私たちはみんな、あるプロセスの犠牲者であると同時に、他のプロセスにおける加害者になりうるのである。他者に権力の乱用を警告するときに耳を傾けてもらうには、自分が自らの権力の乱用に気づかなかったり、中毒的である可能性を自覚していることが重要だ。

(『紛争の心理学』アーノルド・ミンデル著)

そして、中立的立場にある人たちは普通、紛争や対立が生じたときに、弱者(ランクの低い人)を守ろうとしがちであるが、ワールドワーカー(ワールドワークにおいて集団討議を導く人)には、抑圧されている弱者の立場だけを一面的に支持しないことが要求されます。何故ならば、"弱者"の立場だけを一面的に支持すると、逆に"強者"の方の感情が抑圧されて、結果的に問題の解決が促進されないケースが生じるからである。『衝突が噴出した際には、力を持つ側もまた傷つきやすい』とミンデルは言います。したがってワールドワーカーは、強者の見解を尊重しながら、弱者の感情を抑圧している社会的、心理的、歴史的背景を取り扱っていくのです。

　例えば、テロリストに対するアメリカの報復攻撃を一方的に批判して"非戦"を訴える行動も、ワールドワーカーの視点から考察した場合、問題解決から遠のく行為といえます。

◆『ワールドワーク』と『松下幸之助』

　感情問題が原因で生じる様々な人間関係のトラブルを解決に導くのがワールドワークですが、経営の神様と呼ばれた松下幸之助氏も、感情問題を解決する天才でした。

　例えば、『熱海会談』と呼ばれる有名な話があるのですが、それは、昭和39年のことであり、トラブルは、松下電器系列の販売会社・代理店同士の間に繰り広げられた安売り競争によって表面化しました。そして、販売会社・代理店としては、その壮絶な安売り競争の原因が、商品の過剰生産をした松下電器側にあると考え、感情的になっていたのです。

松下電器側としては、日立や東芝などのライバル会社に勝つために、自社製品の大量生産は、ある意味で止むを得ないことだったのですが、そのことによって、松下電器の商品を大量に販売しなくてはならない松下系列の販売会社・代理店は、同士討ち的な競争の激化によって赤字に転落していきました。そしてその影響によって、松下電器自体の売上げも減少していったのです。そこで、この最大の危機を乗り切るために、既に社長を引退して会長の座に退いていた松下幸之助氏が、再び経営の前線に戻って問題解決の陣頭指揮をとることになったのです。

　松下幸之助は、この問題を解決するために、全国の販売会社や代理店の社長を熱海のニューフジヤホテルに招き、三日間の懇談会を開催したのですが、この懇談会が、後に伝説的エピソードとして語り継がれることになる『熱海会談』です。懇談会には、販売会社・代理店側から全国170社の社長が出席し、松下電器側からは、松下幸之助を始めとする全役員と、全事業部長などが出席しました。懇談会の議長である松下幸之助は、先ず、出席者からの松下電器への不満に耳を傾けることにしたのですが、販売会社や代理店の社長たちの態度は喧嘩腰で、激しい苦情が飛び交いました。しかし松下は、彼らの怒りを押さえ込もうとしたり、論点をずらしたりするのではなく、逆に、彼らの反応を煽るような発言をしたのです。

『洗いざらい隠さずに言ってください。私が今日ここへ来たのは、何とかして、みんなが救われてほしいから、そして、この難局をどうしたら切り抜けられるのかという処方箋を見つけるためなんです。嘘を言ってもらっては困る。松下電器のやり方も変えなければならんところがあれば、さっそく改める。真実を訴えてほしい』

第5章 マネーゲームの科学

　松下がこのように発言すると、それに反応して、松下電器に対する批判がエスカレートしていき、会場の雰囲気は更に険悪になったのです。つまり松下幸之助は、ワールドワーカーと同じように、衝突や混乱を避けるのではなく、積極的に表面化させていったのです。しかし、混乱を煽り立てるだけならば誰にでも出来ることであり、問題は、この後の対処法にあります。

　松下幸之助としては、松下電器の経営陣と、販売会社・代理店の経営者の両方が納得するような話の展開を演出する必要がありました。何故ならば、弱者の立場にある販売会社・代理店の経営者たちだけを一方的にかばってしまったのでは、それまで会社の運営を任されていた松下側の経営陣の中に不満が抑圧され、会社全体の士気が低下してしまうからです。したがってワールドワーカーの役目を果たすには、強者の見解を尊重しながら、弱者の感情を抑圧している社会的、心理的、歴史的背景を取り扱っていく必要があるのです。

　懇談会は、販売会社・代理店の社長たちの批判に対して、松下側の担当役員たちが応戦していくという形式で進められたのですが、懇談会の二日目に松下幸之助は、先ず、強者の立場である松下電器側の見解を述べることにした。

『あんたはそう言うけど、普通の商取引なら、すでに商品は止められているはずじゃないか。それなのに、松下がまだ文句も言わずに営業所から品物を送り届けているのであれば、松下電器はよほどいい会社か、甘い会社じゃないかと私は思う。米国なら、あなたの店に対しては、とっくの昔に取引を停止にしている。苦労したと言われるけれども、血の小便が出るまで苦労されましたか』

261

そして、販売会社・代理店側からは、次のような反論があった。

『会長さん、よく聞いてほしい。われわれ松下の代理店は、いま同士討ちをしている。なるほど地区販売店の数は増えて、販売網はすみずみまで行き渡ったともいえる。しかし、そう見るのは会長さん、メーカー側の見方だ。実際の販売を受け持つ我々にすれば、こんなありがた迷惑はない。百万円の売上げのある地域に四つも五つも店ができたら、一店あたりの売上げがいくらになるか。(中略)実情は、同じ顧客の取り合いだ。我々の敵は、東芝や日立ではなくて、ナショナル(松下電器の系列店)だ。会長さん、あんたは我々の窮状を知っているのか』

結局、二日目の懇談会も言い争いで幕を閉じることになったが、松下幸之助は、二日間の予定をさらに一日延長することにして、三日目の懇談会に挑むことになった。三日目の懇談会も、朝から松下批判が相次ぎ、残り30分を迎えたところで、松下は、議長席から最後のコメントを述べることになる。

『皆さんは、いろいろ苦情を言われた。それに対して、私は会社の立場からいろいろとみなさんに反撃した。率直に言って、私は皆さん方にも悪い点があると思う。しかも、今日集まっていただいたなかにも、20数社は、ちゃんと儲けておられる。松下電器が言ってる理屈に、分がないとは思えない。しかし、二日間十分に言い合ったのだから、もう理屈を言うのはやめよう。よくよく反省してみると、結局は、松下電器が悪かった。この一言に尽きます。みなさんに対する適切な指導、指導という言葉は悪いかもしれないけれども、こうしたらどうですか、ああしたらどうですかというお世話の仕方に、やはり十分なものがなかったと思う。不況なら不況で、それをうまく切り抜ける道が必ずあったはずです。それが出来なかったことは、やはり松下電器のお世話の仕方が十分でなかったせいで、心からお

詫び申し上げたい。昔、松下電器が初めて電球を作ったとき、売れない電球でも松下がそんなに力を入れるなら売ってあげよう、と皆さんは大いに売ってくださった。松下の電球は、それで一足飛びに横綱になり、会社も盛大になった。今日、松下があるのは本当に皆さんの御蔭だと思う。それを考えると、私の方は、一言も文句を言える義理ではない。これからは心を入れかえて、どうしたら皆さんに安定した経営をしてもらえるか、それを抜本的に考えてみましょう。それをお約束します』

会場にいた販売会社・代理店の社長たちの多くは、涙を流しながら、このコメントに聞き入っていたという。そして彼らは、自分たちにも非があったことを、素直に認めることが出来たのです。つまり彼らは、自分たちの立場を歴史的背景を含めて理解してもらえたことによって感情的抑圧を解放し、相手側の立場も理解する心のゆとりを持つことが出来たのである。そしてその後の再建策は、経営の前線に復帰した松下幸之助の指導のもと、順調に進められていった。

ところで、『熱海会談』やワールドワークにおいて重要なのは、問題解決のプロセスです。つまり、我々は経済合理的人間ではないので、双方の感情的抑圧を解放するプロセスを経ずに、いきなり最終的な答えを提示しただけでは、根本的解決には至らないケースが多いのです。

最終的な答えだけしか視野に入らないのは"単純思考"であり、答えに至るまでの相互作用（プロセスの全体性）までも包含して考察するのが"創発思考"なのです。

コンステレーションを読む

　創発思考は、あるレベルの相互作用から次のレベルの現象や性質などが生じるプロセスの全体性を認識します。したがって、限られた一つのレベルだけを考察していたのでは、創発思考になりません。

　例えば会社組織などの場合、その組織の要素(社員)レベル、もしくは全体(組織)レベルだけを考察するのが**"単純思考"**であり、全てのレベルと要素間の相互作用までも包括的に考察するのが**"創発思考"**です。つまり、個々の社員がどれだけ優秀であるかを見るだけではなく、それに加え、それらの社員が他の社員とどれだけ調和的な相互作用をもたらしているかを考察するのが重要だということです。

　"優秀"な社員というのは影響力を持っているので、その社員が不調和な相互作用を組織内や取引先などに対してもたらすと、組織に大きな損失が生じます。とくに『噂(くちコミ)』という相互作用は大きな力を持っているので、重要視する必要があります。くちコミは、プラスにもマイナスにも作用します。

　本章で説明しましたが、調和的相互作用によって組織を活性化させるための一つの方法としては、組織を構成する個々の社員に組織全体の戦略などに関する情報を共有させて、経営的判断に参加させるという方法があります。つまり、コストや利益などの企業経営に関する重要な情報を共有することによって、市場の変化への対応を、企業全体の状況を捉えた創発思考の視点で俊敏にとることができるようになり、そのことから、大き

な達成感を得ることもできるようになるのです。(マイクロソフトやインテルなどは、この方法によって社員の一体感と士気を高め、組織の効率化に成功したと言われています)

市場調査の手法としては、過去においては個々の消費者のニーズを調査することが重要視されていましたが、インターネットや携帯電話などの情報機器が発達している現代においては、消費者間の情報のやり取りを把握することの方が重要視される傾向にあります。つまり、環境から分離された個々の消費者が固有の好みを持つと解釈するのではなく、環境との相互作用によって **好みが創発される** と解釈するのです。

複雑系全体の相互作用を観察した場合、ある現象が、一つの何かが原因で生じているのではなく、全てのことが互いに関連しあって一つの現象が創発されているのが見えてきます。そして、このように全体を大局的に捉える創発思考を心理学用語に当てはめると、

『 コンステレーションを読む 』

といいますが、コンステレーションを読む事によって、硬直化していた人間関係の問題点を解決する糸口が見えてきます。

コンステレーションとは星座を意味する言葉であり、占星術で人生を占う事と言葉の意味での関連性があるようですが、つまり、天体の動きというのは全てが関連しあっており、一つの惑星だけを観察していたのでは、その一つの惑星の動きの原因さえ分からないという事と共通性があるのです。

コンステレーション
（Constellation）

問題解決の糸口を発見するには、創発思考によってコンステレーションを読む必要があるのです。

◎ 陰陽師も、天空の相（コンステレーション）を読むことを得意としていました。

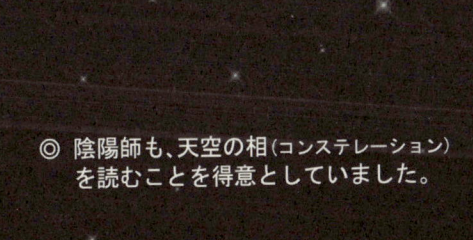

複雑系進化ピラミッドとは、
我々が存在する時空間における現象を
分かり易くシミュレーションするために創られた
ピラミッド状の仮想空間のことである。

この仮想空間の中では、
今から一つの物語が始まろうとしている。

それではその物語を、
一緒に覗いてみることにしましょう。

第6章 複雑系進化ピラミッドの謎

プロローグ

Marriage is the unsuccessful attempt
to make something lasting out of an incident.

Albert Einstein

ある偶然の出来事を維持しようとする
不幸な試みを結婚と言う。

アルバート・アインシュタイン

アインシュタインが言うように、『結婚』とは不幸な試みかもしれない。第5章では『**経路依存性**』についても説明したが、結婚もその代表例であり、依存性に縛られると苦しみが生じる。そして、巷で大評判になった『**チーズはどこへ消えた？**』という本でも、経路依存性のデメリットがテーマになっている。

その物語の主人公である小人の「ヘム」と「ホー」は、自分たちが見つけたチーズの在り処に経路依存してしまい、やがて苦悩のどん底へと落ち込みます。つまり、既に底を尽きたチーズの在り処に執着して離れることができず、飢え死にしそうになるのです。この"チーズ"は、我々が人生の中で探し求めているものの象徴であり、『仕事・家庭・財産・健康・精神的な安定』などを意味していますが、しばらくの間、2人は新たな道を模索することを躊躇してしまいます。しかし、やがて彼らは冒険に出るための一大決心をし、新たなチーズを発見するのです。

第6章 複雑系進化ピラミッドの謎

この物語には、2人の小人と2匹のネズミが登場しますが、単純思考のネズミたちは環境の変化に素早く適応し、小人たちよりも早くチーズを手に入れます。しかし、予測不可能性が増している21世紀の世の中に、**"単純思考"**は通用するのでしょうか？　今から紹介する物語では、"チーズ"の探し方を、違った視点から捉えてみることにします。

ところで、『チーズはどこへ消えた？』の便乗本に『**バターはどこへ溶けた？**』という本がありますが、こちらの"バター"が象徴するものは『財産、名誉、出世、権力、etc.』となっています。なんだか"チーズ"と似ていますが、"バター"が"チーズ"と違うところは、"バター"を追い求めると心に囚われが生じ、不幸になってしまうという設定になっているところです。

人生における『目的』と『手段』を間違えれば、手段に執着してしまい、不幸になる場合もあります。『財産、名誉、出世、権力、etc.』を得ることは、目的を達成するための手段であり、それ自体が目的ではないでしょう。"バター"は目的を達成するための手段に過ぎないので、必要なときには使えば良いし、必要でなければ手放せば良いのです。

そして、このような自由な意識の働きを『**相対性自在志向**』と呼ぶのですが、例えば、禅には次のような話があります。

　　　　（相対性自在志向に関しては、本章の最後でも解説をします）

===========================

禅僧が、数人の弟子をしたがえて行脚(あんぎゃ)していた。川岸で一人の女と出会う。美しい女だ……ということにしておく。本当は、その女性の美醜なん

てこの話には関係ないのだが……。いや、そもそも美醜なんてない。もっといえば、"女"だってない。すべては「空」なのだ。けれども、そこまで言ってしまえば、話がすすまなくなる。とりあえずは、美しい女がいたことにしておこうではないか。

女が川を向こうに渡りたくて難儀をしていた。橋もなく、頼むに人もいなかった。そこに禅僧たちがやって来たので、女は甘い声で依頼をする。わたしを抱いて向こう岸まで渡してほしい、と。

「おお、よしよし」

和尚は女を抱き上げた。ついでに口づけでもしたかしら。それとも、女の嬌声に和尚もつられて笑い声を発したか。きっと、ほほえましい光景であったのだろう。向こう岸に着いて、女は礼を言って去っていった。禅僧たちと女性とは、右と左に別れたわけである。

だが、弟子たちは浮かぬ顔をしていた。しばらく無言で、師のあとを歩いていた。どれくらいたった頃か、弟子の一人が和尚に言った。難詰するがごとき口調であった。

「和尚さん、どうして女性を抱いたりしたのです——？」

この弟子のことばを口火に、他の弟子たちも言う。

「和尚さん、仏教では女性に触れてはならぬと教えていませんか。女犯(にょぼん)は罪ではないのですか——？」

「そうです、わたしもそれを疑問に思っていました。そりゃあ、あの程度では、女犯とまでは言えないでしょうが、それでもやはり女性を抱くような行為は慎むべきではないのですか……」(中略)

おそらくは川を渡ってからこれまで、彼ら弟子たちは心のなかであれこれ煩悶していたのであろう。(中略)

だが、和尚は、そんな思いつめたような弟子たちのことばに、大声で笑いはじめた。

「アハハハ……。なんだ、お前たちはまだ女を抱いているのか——。わしはとっくの昔に、女をおろしてきたぞ」

第6章 複雑系進化ピラミッドの謎

　そうなのだ。こだわっているのは弟子たちであった。"女"なんていやしない。しょせんは、すべてが「空」なのだ。

　「色即是色。空即是色」

　それが真に理解できたとき、われわれは和尚と同様、大いなる精神の自由を獲得できるであろう。

　　　　　　　　　　　『般若心経の読み方』（ひろさちや著、日本実業出版社）
==============================

　目的と手段の違いを明確に認識していれば、必要に応じて、その手段を使ったり手放したり、自在に扱うことが出来るが、それができない人の場合、手段を頭から否定してしまうこともあります。つまり、"バター"などの手段をむきになって否定するのは、修行の足りない小僧たちのようなものだということです。(＾＾)

『ははははっ』

　ところで、今から紹介する物語のシチュエーションは近未来におけるものであり、登場するのは2匹のネズミ、2人の小人、そして2人の宇宙人です。彼らは"複雑系進化ピラミッド"と呼ばれるピラミッド型の迷路の中で"チーズ"を探し回るのですが、はたして、彼らはどのようにして"チーズ"を発見するのでしょうか？

273

謎のピラミッド空間

◆ 複雑化する時空間

"複雑系進化ピラミッド空間"には多くの小部屋があり、幾つかの小部屋にはチーズがたくさん収納されている。そして、複雑系進化ピラミッド空間という名称は長いのでＣ空間と略して呼ぶことにするが、Ｃ空間内部では変化のスピードが加速されている。したがって、チーズを獲得するためには素早く変化に適応する必要があるのですが、それができない場合、チーズを得ることは出来ない。ところで、Ｃ空間では今、どのような変化が進行しているのでしょうか？

小人Ａ：『部屋が沢山ありすぎて、どこから探して良いのかまったく見当がつかないよ』

小人Ｂ：『そうだね。急激に部屋の数が増えていくから、どの部屋から探したらよいのか迷うね』

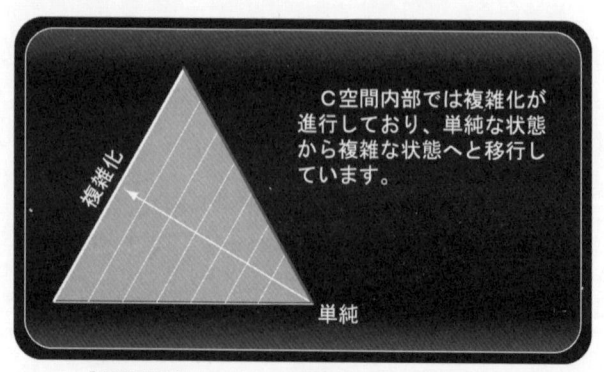

Ｃ空間内部では複雑化が進行しており、単純な状態から複雑な状態へと移行しています。

※『複雑系進化ピラミッド』の構造は、第３章で紹介した『複雑系進化ダイアグラム』と同構造になっています。

第6章 複雑系進化ピラミッドの謎

　そうです。C空間で進行している変化というのは、"複雑化"であり、複雑化が進んでいるために混乱が生じているのです。しかし、一度に一つのことしか視野に入らない単純思考のネズミたちには、問題は生じていないようです。2匹のネズミたちは迷うことなく次から次に新しい小部屋を探索しています。

ネズミA：『部屋数は増えていくけれども、チーズのある部屋も増えているから、チーズ探しには困らないね』

ネズミB：『それに、部屋数が増えた方が探索を楽しめるよ』

　どうやら、小人たちが困っているのに対して、単純思考のネズミたちはマイペースで楽しんでいるようです。

◆ 利口になるほど馬鹿になる？

　ところで、『チーズはどこへ消えた？』の9ページに、

『物語では、ネズミたちは単純な物の見方をするために変化に直面したときうまく対処しているが、小人たちのほうは複雑な頭脳と人間らしい感情のために物事を複雑にしていることがわかるだろう。これはネズミのほうが利口だということではない。もちろん人間のほうが頭がいいにきまっている』

と書かれてありますが、これは、"利口になるほど馬鹿になる"という現象であり、コンピュータにも同じような現象が起こるのです。つまり、コンピュータが複雑な環境下で計算処理を実行しようとすると、必要な情報と不必要な情報を振り分けるのに膨大な時間を費やしてしまい、なかなか答えを出せない状態が生じるのです。そしてこのような困難を『**フレーム問題**』と

言うのですが、フレームとは枠組みのことであり、情報についての適切な枠組みを作るのに膨大な時間がかかってしまうことを言います。

◆ 自己組織化する複雑系

　単純思考のネズミたちは、複雑化するＣ空間での生活を楽しんでいたが、そのような状態はいつまでも続くことはありませんでした。Ｃ空間には、新たな変化が起きていたのです。複雑化が進むと**"自己組織化"**という現象が生じるのですが、Ｃ空間においてもその現象が生じていたのです。自己組織化とは、外部からの働きかけがなくても自らの力で進化することですが、なんと、Ｃ空間の小部屋たちは知性を獲得し、情報交換を始めたのだ。つまり、複雑系の特性である"要素間の相互作用"が生じたのである。

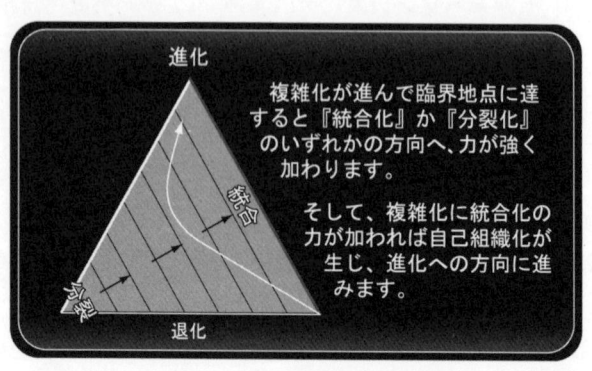

```
               進化

          複雑化が進んで臨界地点に達
          すると『統合化』か『分裂化』
          のいずれかの方向へ、力が強く
          加わります。

          そして、複雑化に統合化の
          力が加われば自己組織化が
          生じ、進化への方向に進
          みます。

               退化
```

※ 107ページと113ページの図を参照。

第6章 複雑系進化ピラミッドの謎

しかし、どのようにして小部屋たちに知性が創発されたのだろうか…?

各小部屋をよく見ると、コンピュータが設置されてあることに気づくが。それらのコンピュータは、以前から設置されてあるものとは違って見える。どうも、普通のコンピュータではなさそうだ。これは、『**量子コンピュータ**』だ。

第1章や第2章において、人間の意識や自由意志は量子次元における不確定性原理と関係している可能性があるという話をしたのを覚えているだろうか? 不確定性原理は、当然のことながら量子コンピュータにも影響を及ぼしている。つまり、彼らは自由意志を獲得したのだ。そして、インターネット回線で結ばれるようになった彼らは、相互作用を持つようになった。さらに驚いたことに、ブロードバンド化したインターネット回線を利用して、電気エネルギーに変換させた物質の輸送を可能にさせたのだ。そしてそのテクノロジーによって、"チーズ"をネット上の仮想空間に管理するようになったのである。

そして、『複雑系進化ピラミッド』自体が仮想空間なので、これは、仮想空間の中に仮想空間が出現するという仮想空間のフラクタル構造が創発されたことを意味する。

ところで、量子コンピュータがチーズを管理することになって困ったのはネズミたちです。フレーム問題に悩む2人の小人たちは既に諦めていたのですが、こうなってしまうと、単純思考のネズミたちにも手立てがありません。チーズを手に入れるためには、量子コンピュータ間で生じている相互作用を把握す

る必要があるのですが、単純思考のネズミには、そのような高度なことを把握することは出来ないし、フレーム問題に苦しむ小人たちにしても、それは同じことです。

　それではここで、問題解決のための思考形態を考察してみることにしましょう。

◆ 3つの思考法

　ここでは、『**分裂思考**』『**単純思考**』『**統合思考**（創発思考）』の3つの思考形態について考察を行います。

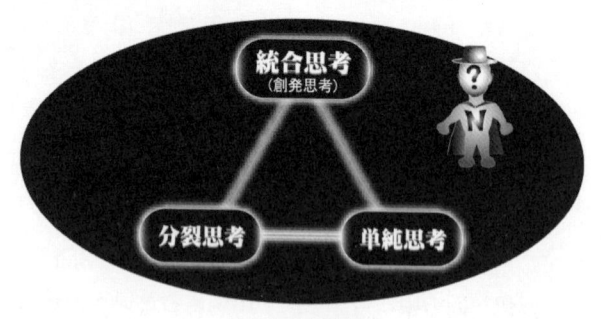

◎3つの思考法

　先ず、分裂思考は複雑なものを幾つかの単純な要素に分裂させ、それらの要素を一度に全て考察しようとするので混乱をきたしやすくなります。つまり分裂思考の場合、要素間の相互作用に関する統合された視点が欠けた状態で全てを考察しようとするので『フレーム問題』が生じるのです。

第6章 複雑系進化ピラミッドの謎

　つぎに単純思考は、分裂された一つ一つの単純な要素を個別に考察しようとするので混乱をきたしません。つまり単純思考の場合、単純な一部の要素しか視野に入らないので、フレーム問題が生じないのです。したがって、物事を複雑に捉えてフレーム問題を生じさせる分裂思考よりも、フレーム問題が生じない単純思考の方が、ある意味において有利になる場合があるのです。ですから、フレーム問題が多発している現代においては、"単純思考が良い"という風潮が広まってしまうのです。しかし、様々な相互作用の影響によって極度に複雑化が増した環境においては、単純思考は通用しなくなります。したがって、これからの社会においては、複雑な環境の相互作用を読み取ることのできる創発思考(統合思考)が必要になるのです。

　創発思考の持ち主は、第4章で紹介した**"完全美"**を追求します。何故ならば、完全美とはあらゆる要素の間に調和的相互作用を見出し、それらを内側に包含する美だからです。そして、一見、不必要と思われる要素でも、他の要素との間に調和的相互作用を見出すことによって、価値のあるものに変えてしまいます。それに対して単純思考の持ち主は、**"完成美"**を追求します。何故ならば、完成美とは不必要と思われる要素を全て排除し、あとに残った単純な要素によって表現される美だからです。そして分裂思考の場合は、美を創発しません。何故ならば、分裂思考は不必要な要素を内側に溜め込むだけで、それらを必要な要素に変換させる力を持たないからです。

　これをビジネス業界を例に説明すると、分裂思考の経営者は、不必要な社員がいるのにリストラをしないで会社の経営状態を

悪化させる人です。そして単純思考の経営者は、リストラを断行して会社の経営状態を立て直します。最後に創発思考の経営者は、不必要と思われる社員をクビにせず、全体との調和的相互作用を見出すことによって、それらの社員を有効に活かすことが出来るのです。例えば、第5章で紹介した企業再建のスペシャリストである三枝匡氏や、経営コンサルタントの神様とも言われている船井幸雄氏は、リストラをせずに企業を再建させることの重要性を説いています。

それでは、物語の続きを見ていくことにしましょう。

◆ 宇宙人の登場

さて、いよいよ宇宙人の出番です。

ところで、大リーグで活躍している新庄選手は"宇宙人"と呼ばれているそうですが、ここで新庄選手が登場するわけではありません。

2匹のネズミと2人の小人が困り果ててしゃがみこんでいると、どこからともなく2人の宇宙人が現れ、量子コンピュータを操作し始めた。しかし、どうもコンピュータの制御がうまくいかないようです。

宇宙人Ａ：『どうやら、複雑系進化ピラミッド空間の量子コンピュータには感情や自由意志があり、我々による制御を拒否しているようだ…』

第6章 複雑系進化ピラミッドの謎

宇宙人B:『こまりましたね…』

宇宙人A:『量子コンピュータには不確定性原理が作用しているので、彼らの思考パターンを100パーセントの確率で予測するのは不可能だ』

宇宙人B:『どうやら、インターネット上のブロードバンド・バーチャル空間にチーズが保管されているようですね』

宇宙人A:『よし…、チーズの保管場所を確率的に計算してみよう』

宇宙人B:『分かりました』

　感情と自由意志を持った量子コンピュータの思考パターンを100パーセントの確率で予測することは原理的に不可能であるため、宇宙人たちは量子次元の現象を記述する波動方程式によって、チーズの保管場所を確率的に予測することにしたのである。

◆ バーチャル・チーズ空間

宇宙人A:『今から、バーチャル空間へ突入する』

宇宙人B:『了解!』

　2人の宇宙人は、まるで映画の「マトリックス」の主人公のように、バーチャル空間へと突入した。

まだら模様に光るトンネルを通り抜けると、異様な光景が宇宙人たちの目の前に現れてきた。

　そこには幾つもの巨大な球体が浮遊しており、地面には落とし穴と思われる穴が多く開いている…。

　そして次の瞬間、宇宙人が叫んだ。

宇宙人Ａ：『やった！チーズを見つけたぞ！！！』

第6章 複雑系進化ピラミッドの謎

あっけなくチーズが見つかってしまった。

宇宙人たちは、チーズを見つけて一瞬喜んだが、あまりにも簡単に見つけることが出来たので、物足りないようにも思えてきた。

すると次の瞬間、不思議なことが起きた。

283

宇宙人Ａ：『おおおっ！　チーズが縮んでいくぞ！！！』

　２人の目の前にあったチーズは、みるみる小さくなり、サイコロほどの大きさになってしまった。そして２人が唖然としていると、何処からともなく声が聞こえてきた。

　　『チーズの大きさは、相対的に変化しているのだよ』

　空間に浮かぶ球体の一つがアインシュタインの顔に変身し、話し掛けてきたのであった。

第6章 複雑系進化ピラミッドの謎

A.E.：『チーズの大きさや形には、そのチーズを見る人の心の状態が反映されている。したがって、同じチーズを見ているようでも、見る人の視点によっては、まったく違った形や大きさに見える場合もあるのだ』

(※注：A.E. = Albert Einstein)

2人の宇宙人は、アインシュタインの話を聞きながらうなずいていた。

A.E.：『人はそれぞれ、社会との相互作用によって異なる価値観を創発させている。そして、その価値観は変化しているのだから、チーズの大きさも変化して見えるのだよ』

宇宙人たちは、アインシュタインの話に聞き入っていたが、気がつくと、2人の小人と2匹のネズミも側で話を聞いていた。どうやら、彼らの後を追ってバーチャル空間に侵入したようだ。

小人A：『アインシュタインさん。それでは、大きくて美味しいチーズを得るにはどうすればよいのですか？』

と、小人の一人が、アインシュタインに質問をした。

A.E.：『自己の価値尺度を、自由意志によって自在にコントロールする相対性自在志向を会得すれば良いのです』

小人A：『**相対性自在志向** … ？』

相対性自在志向

◆ 自由意志と相対的尺度（相対的解釈）

アインシュタインは、「絶対的な時間」と「絶対的な空間」の存在を相対性理論によって否定し、相対的自在性（相対的に変化する性質）を持つ時空間の存在を明らかにしました。それから数年後、彼は意識の理論を解明するために、感情や価値観などと相互作用を持つ自由意志の研究をし、その自由意志に相対性理論を統合させることによって『**相対性自在志向**』を創発させたのです。（アインシュタインが創発させたというのはフィクションです）

```
相対性理論 ┐
          ├─創発→ 相対性自在志向
自由意志  ┘
（意識理論）
```

第1章でも説明したように、人間の自由意志には量子力学の不確定性原理が関係していると考えられているため、相対性理論と自由意志の統合は、相対性理論と量子力学の統合ともいえます。

相対性自在志向とは、相対次元における可能的無限性（自在性）を認識することによって、様々な固定観念に経路依存して苦しんでいる心を解放する意識の働きであり、その意識は、幸福度を高める価値観を、自由意志によって選択する方向性を持つ。

我々は様々な価値尺度を持っており、その価値尺度に当てはめて幸か不幸かを判断している。したがって、その価値尺度を自在にコントロールすることが出来るようになれば、幸福度も

第6章 複雑系進化ピラミッドの謎

自在にコントロールすることが出来るようになる。しかし多くの人は、『〜でなければ幸福ではない』という固定された価値観（一般常識など）に経路依存しているため、自在性を失っている。

第2章で紹介した不完全性定理からも明らかなように、我々の存在する相対次元には、価値尺度を含めて絶対的なものは存在しません（絶対速度と呼ばれる光速度でさえも、真空に対しての相対的な速度であり、媒体に応じて相対的に変化する）。したがって、我々の価値観には可能的無限性があり、自己にとって適切で楽しめる価値観を、自由意志によって自在に選択できるのです。

しかし相対性自在志向は、単なるポジティブ思考とは異なります。例えば、ネガティブと解釈されやすい様々な体験を、単純なポジティブ思考によって無理に肯定的に解釈し続けた場合、表面的には楽しく振る舞うことができたとしても、ネガティブな思いは無意識の領域に抑圧され、蓄積されることになります。そしてこの抑圧されたネガティブなエネルギーは、例えば、第5章で紹介した『ダブルシグナル』（252ページ参照）という現象として現れ、人間関係の相互作用にも不調和をもたらします。

それに対して創発思考がベースとなる相対性自在志向の場合、ものごとの全体性をコンステレーションを読むことによって把握するので、ジレンマの生じない適切な価値観を選択することが出来るのです。更には、創発思考は単純思考と異なり、広い視野から新たな価値観を創発的に生み出すことも出来るので、それだけ選択肢（可能性）の幅も広がるのです。そして88ページでも説明したように、相対性自在志向は、解決不可能と思われる難解な問題にも解を見出すことができるのです。

ネズミＡ：『アインシュタインさん。それでは、単純思考である私は、これからの社会においてチーズを得ることができないのですか？』

A.E.：『単純思考から創発思考へと、量子飛躍的に進化すればよいのだよ』

　はたして、単純思考に経路依存していた２匹のネズミたちは、アインシュタインの言葉によって、単純思考から創発思考へと量子飛躍的進化を遂げる決心をつけたのであろうか？　それはネズミたちの自由意志に任されており、理性のゆらぎの行方は予測不可能である。それから、分裂思考の小人たちにしても、創発思考へと進化できるかどうかは、彼らの自由意志に任されている。

◆ アインシュタインのチーズ

宇宙人Ｂ：『ところで、アインシュタインさんにとって、最も大きくて美味しいチーズは何ですか？』

　と、今まで黙って話を聞いていたモアイ星人が、アインシュタインに質問をした。

『好奇心は、それ自体が意味を持っている』
『観察したり理解したりする喜びは、
大自然からの、最も素晴らしい贈りものです』

アルバート・アインシュタイン

第 6 章 複雑系進化ピラミッドの謎

> Curiosity has its own reason for existence.
> Joy in looking and comprehending is nature's most beautiful gift.
>
> Albert Einstein

　つまりアインシュタインは、自己と自然界（大宇宙）との間に生じる謎解きという相互作用に価値を見出し、喜びを創発させていたのです。

**『謎解き』と『喜び』との間に対称性を見出したとき、
未知の世界への思いは、不安から好奇心へと相転移する。**

※ 第4章でも説明したように、『A』と『B』との間に対称性を見出すことは、『A』と『B』とは同じものであることの発見を意味しています。

The End

あとがき

　本書の中でも述べたように、創発の源は**"自由意志"**であり、**"量子的ゆらぎ"**である。そしてこの自由意志（量子的ゆらぎ）が、空^{くう}（絶対）から相対的宇宙空間を創発させたと考えられている。

　相対的宇宙空間には、無限なる多様性が創発されているが、その無限なる多様性を統合する理論が、本書のなかで紹介した超ひも理論である。しかし、超ひも理論は**"可能的無限性"**を秘めた進化する理論であり、**"現実的無限性"**を記述する最終的な理論ではない（可能的無限と現実的無限に関しては第2章を参照）。そして実を言うと、超ひも理論には様々なモデルがあり、そのなかで矛盾を含まないモデルが5種類もある。

　しかし、宇宙法則を記述するのに5種類の"異なる"モデルが存在するというのはおかしな話だ。**単純に考えると**、どれか一つのモデルが正しくて、他のモデルは間違っていることになる。だが、**創発的に考察すると**、5種類の異なるモデルが一つに統合されるビジョンが見えてくる。

　つまり、これら五つのモデルは、更に基本的なモデルの異なった現れ方にすぎないと考えられており、最終的には一つの理論に統合されると考えられているのです。そして、その統合を可能にする最有力候補は、数学のノーベル賞と呼ばれるフィールズ賞を受賞したこともあるエドワード・ウィッテン氏が提唱する『**M理論**』です。

　　　　　　　※M理論の"M"には様々な意味が含まれており、Mystery（神秘・謎）のMでもあります。

しかし、このM理論にも幾つかの問題点があり、その問題点は、『F理論』と呼ばれる更に新しい理論によって解決されるのではないかと期待されています。

このように、科学の分野においては統合への方向性が明確になっているが、大きな社会的方向性としても、『分裂』か『統合』かのいずれかの方向性がより鮮明になってくるであろう。そして統合への道が我々の自由意志によって選択され続けた場合、物理学、医学、心理学、政治、経済、芸術など、多くの異なる分野を調和的に包含する創発思考によって、様々な社会問題が解決へと導かれることになるであろう。しかし、過去の手法に経路依存することによって生じる分裂への方向性が選択され続けた場合……。

**実質的に新しい思考形態を身につけなければ、
人類が生き延びることはないでしょう。**

アルバート・アインシュタイン

本書では、21世紀におけるビジネス社会で成功するための創発的アイディアについても話を展開してきたが、究極の創発的視点は、**『全てを包含する完全美の視点**(第4章を参照)**』**です。例えばアインシュタインは、自分自身の肉体・思考・感情など、様々なものが他から切り離されたものとして体験されることは、意識にもたらされる、ある種の錯覚であると考えていました。つまり彼は、『我々は宇宙全体の一部分ではなく、宇宙そのも

のだ』と考えていたのです。そして彼は、分離を生じさせる錯覚は牢獄のようなものであり、その牢獄から自らを解き放つには、共感の環（創発の環）を広げ、全ての生命体を含む自然界全体の"美"を包含する必要があると語りました。

つまり、人類が進む究極的方向性は、欠点と判断された要素を排除する『**完成美**』ではなく、全ての要素を内側に包含する『**完全美**』であることを、アインシュタインは示唆していたのです（完成美と完全美については 第4章、第5章、第6章を参照）。そしてそのためには、新しい思考形態が必要であるというメッセージを、彼は残したのです。

> 人間は、宇宙と呼ばれる全体の一部であり、時間と空間の中に閉じ込められた一部だとする考えがある。そして我々は、自己の思考や感情を、他の存在から切り離されたものとして体験する。しかし、それらは、意識のもたらす錯覚である。この錯覚は牢獄のようなものであり、我々を個人的な欲望と、自分にとって身近な人だけへの愛情へと縛り付ける。我々の目指す方向性は、自らをその牢獄から解き放つことであり、そのためには、共感の環（創発の環）を広げ、全ての生命体を含む自然界全体の美を包含する必要があるのです。実質的に新しい思考形態を身につけなければ、人類が生き延びることはないでしょう。
>
> アルバート・アインシュタイン

あとがき

　ところで私は、創発思考の解説を、多少のユーモアを交えながらしてきたつもりですが、人間関係の相互作用から創発的に生じるユーモアは、結局のところ、困難な状況において、一番役に立つものである場合があります。

　　　唯一の救いは ユーモアのセンスです

　　これは、呼吸を続ける限りはなくさないように。

　　　　アルバート・アインシュタイン

2002年 春

大井成謎

◆ ── 追記：ペンネームについて ── ◆

『大井』が名字なのか、それとも『大井成』が名字なのか？…私にも良く分からない…というか、ハッキリとは決めていません。それに、これはペンネームなのだから、『名字』と『名前』を明確に分ける必要もないのかもしれない。しかし、『大井』を名字にしておけば、本名と同じになるので、便利といえば便利といえる。そして『大井』を名字にした場合、名前は『成謎』になるが、これを音読みすると、『せいめい』とも読める。そう、陰陽師で有名な安倍晴明(あべのせいめい)の『せいめい』と同じ呼び名である。

ところで、この『成謎(なるなぞ)』という名前には、深い意味がある。まず、『成る』を広辞苑で引いてみると、その意味として、『現象や物事が自然に変化していき、そのものの完成された姿をあらわす』、『無かったものが新たに形ができて現れる』と書かれてある。つまり、『成謎』とは、『無から謎が創発され、その謎が自在に変化していき、完成された姿を現すまでの全プロセス』を意味しているのである。

しかし私は、インターネット上では『謎』というハンドルを使用することが多く、その場合は、『大井成』が名字となる。もしくは、『大井』が名字で、『成』がミドルネームということになる…のかな？

◆ ─────────────── ◆

P.S. たま出版の中西廣侑常務理事と、編集の高橋清貴氏には、いろいろと無理な注文を聞いて頂き、とてもお世話になりました。

大井成謎 (おおいなるなぞ)

本名、大井二郎。1963年1月生まれ。
University of California, Irvine (物理学専攻) 卒業。
California Institute for Human Science (生命物理学専攻) 中退。

アメリカ留学の前に、アパレル関係の専門学校でデザインやマーケティング理論などを学び、1984年には、第2回ファッションクリエーター新人賞国際コンクールに入賞。大学での主専攻は物理学で、副専攻は心理学。大学院では生命物理学 (Life Physics) を専攻し、自然科学の視点から考察した人間性の神秘を、トランスパーソナル心理学の視点を包含して学ぶ。

E-Mail：narunazo@mbi.nifty.com

カバーデザイン / 大井成謎
本文イラスト / 大井成謎

アインシュタインの創発思考

2002年4月15日　初版第1刷発行

著　者 —— 大井成謎

発行者 —— 韮澤 潤一郎

発行所 —— 株式会社 たま出版
　　　　　東京都新宿区四谷 4-28-20　〒160-0004
　　　　　TEL 03-5369-3051（代表）
　　　　　振替 00130-5-94804

印刷所 —— 東洋経済印刷株式会社

乱丁・落丁本はお取り替えします。
本書の全部または一部を無断で転載・複写（コピー）することは、著作権法上での例外を除き禁じられています。

© Narunazo Oi 2002, Printed in Japan
ISBN4-8127-0054-X C0042